德育读本

礼义篇·廉耻篇·孝悌篇·忠信篇

绘图珍藏本

HUITU ZHENCANG BEN

德育读本

孝悌

篇

二十一世纪出版社
21st Century Publishing House
全国百佳出版社

图书在版编目（CIP）数据

德育课本. 孝悌篇 / 蔡振绅编著 ; 深蓝整理. --
南昌 : 二十一世纪出版社, 2013.10（2022.4重印）
ISBN 978-7-5391-9065-5

Ⅰ. ①德… Ⅱ. ①蔡… ②深… Ⅲ. ①道德修养－中国－民国 Ⅳ. ①B825

中国版本图书馆CIP数据核字(2013)第224418号

德育读本 · 孝悌篇　　**蔡振绅** / 编著　**深　蓝** / 整理

策　　划 张　明
责任编辑 敖登格日乐
出版发行 二十一世纪出版社
（江西省南昌市子安路75号　330009）
www.21cccc.com　cc21@163.net
出 版 人 张秋林
经　　销 全国新华书店
印　　刷 三河市兴国印务有限公司
版　　次 2018年4月第1版　2022年4月第2次印刷
开　　本 720mm × 1020mm　1/16
印　　张 16.75
字　　数 165千
书　　号 ISBN 978-7-5391-9065-5
定　　价 39.80元

赣版权登字—04—2013—717
如发现印装质量问题，请寄本社图书发行公司调换 0791-6524997

感动于轻松读史中

这套主要面向青少年的读本荟萃了约六百则讲述前辈圣贤品德言行的历史小故事，目的是通过阅读或倾听这些生动真实、通俗易懂、富于教益的故事，教给读者简单实在的做人道理，培养读者高尚的思想道德情操。

道德教育无论在哪个时代、哪个国家都是备受重视的。早在《尚书》里古人就讲“德惟善政”，道德是治理国家和教化人民的基石。中国两三千年的儒学占主导地位的历史都讲教化、德教，讲修身养性、立身处世、安身立命，这些全都是德育的内容。德国康德在《实践理性批判》中写道：“有两件事我愈思考，愈觉神奇，心中也愈充满敬畏，一是我头顶上的这方星空，一是人们心中的道德准则。”道德在西方一直就是这样极受推崇。中国现代以来，特别强调德育。建国后，我们长期倡导青少年要“德、智、体全面发展”，后来又加上了一个“美育”，讲“德、智、体、美全面发展”，始终都把道德的教育与培养放在首位。改革开放以来，我们在全社会倡导“五讲四美三热爱”，把“讲道德”和“心灵美”作为重要的内容。邓小平要求社会主义新人应该是“有理想有道德有文化有纪律”的“四有”人才；江泽民讲“以德治国”；胡锦涛提出以“八荣八耻”为主要内容的社会主义荣辱观，都是在强调道德教育、教化巨大而重要的社会功能。

我们编辑整理的这套书，从根本上说，是一套道德教育读本，是一套中华传统美德教育读本。这个读本最显著的特点或称优点是：所有的道德说教或教诲都寓含于一个个的历史小故事之中。而这些故事的主人公基本上是古代的圣贤、英雄或做人的楷模。故事简单有趣，读来毫不费劲，但在阅读过程中却能潜移默化地受到前人高尚言行的熏染和影响。孔子说：见贤思齐，意思是，见到比自己贤能、优秀的人就想向他们看齐。青少年读者在读到这些中国古代优秀人士的事迹后，就会产生向他们看齐、向他们学习的愿望，也就能在轻松的阅读中逐渐培养起自身良好的道德情操和精神修养。

这套书原题《八德须知》，他的主要编辑者是民国时期浙江湖州的蔡振绅先生。他的父亲蔡丕著晚年得子，遂辞去官职，解甲归田，亲自教育儿子。在蔡振绅四岁时就教他读《孝经》，每天夜里都给他讲授一则古人的嘉言懿行，故事的题目都是四个字的，如《虞舜耕田》《木兰从军》。一年之中，只有除夕和元旦这两天停讲。父亲这样娓娓讲述先圣前贤的故事持续了多年，给蔡振绅留下了终生难忘的印象。他后来常常回忆起父亲在他童年时讲的这些故事，感慨良多，受益无尽，于是就想根据记忆将这些故事记录整理出来，用以启蒙、教育后来者。因此，当他读到福建黄继谷先生依照古本《二十四孝》故事的体例编撰而成的《八德须知》一书时，感触良多，又怀想起父亲当年对自己的夜夜教诲，便开始着手将童年受教于父亲的故事内容，仿照相似的体例进行分类编辑整理，内容不足的就参照各种史书和历史传记的记载予以增补。为了适应童幼少年的接受习惯，每则故事都只有八十个字左右，并且全都配上由周顺章等人根据故事内容所作的插图，同时附上四句四个字的题诗，题诗是对故事内容的简单概括和归纳，便于孩子背诵或记忆。每则故事的题目前两字都是人物名，后两字则介绍他的事迹或史实。

蔡振绅编撰的这套书的内容都是依据史传、史书而来，因此书名原拟称作《历史八德言行录》，因为黄继谷《八德须知》已有相当影响，便沿用了这一名称。最难得和可贵的是，本书所有故事都是确有其人其事，都是以史为据、有案可查的。真实的力量、榜样的力量是无穷的。这套书本意就是要通过叙述前人的这些嘉美良善的言行，为后世读者树立一个道德的标杆和效法的楷模。

自古以来，中华民族就有讲求孝悌、忠信、礼义、廉耻的美好传统。在文明进化到今天的现代社会，是非、善恶、美丑的界限绝对不能混淆，要在全社会大力倡导基本道德规范，促进良好社会风气的形成和发展。社会主义荣辱观所概括的“八荣八耻”正是我国道德规范的基本内容，也是社会核心价值体系的基本内容。社会主义荣辱观特别强调要“知耻”，即知道怎样去做才是光荣的而怎样做就是可耻的。其中，“以热爱祖国为荣、以危害祖国为耻，以服务人民为荣、以背离人民为耻”，分别讲爱国、为民，这实际上相当于古人所谓的“忠”，即忠于国家和人民；“以诚实守信为荣、以见利忘义为耻”讲诚信，就是古人所谓的“信”，“守信”和有“信义”；“以遵纪守法为荣、以违法乱纪为耻”讲守法，就是古人所谓的“礼”，知礼自然不会违法乱纪；“以艰苦奋斗为荣、以骄奢淫逸为耻”讲勤俭、艰苦朴素，相当于古人所谓的“廉”，应“清正廉洁”；“以崇尚科学为荣、以愚昧无知为耻”，“以辛勤劳动为荣、以好逸恶劳为耻”，“以团结互助为荣、以损人利己为耻”，分别讲科学、勤劳和协作，相当于古人所谓的“忠义”、“孝悌”。可见，“八荣八耻”与古人所谓的“八德”之间是血脉相通、一脉相承的。因此，我们这套依据《八德须知》改编的读本非常适合作为社会主义荣辱观教育的辅助读物，对帮助读者深入了解和深刻把握社会主义基本道德规范和核心价值体系大有助益。

当年蔡振绅编完《八德须知》，“同人闻之而色喜兮，共乐踊跃以输捐，计二集之书三万有奇兮”。许多的朋友同好纷纷捐钱来帮助刊印这套书。书大约在1932年前后陆续编辑出版。出版后不到两年，就遇到日本侵略者进攻上海的闸北，闸北的房舍十有八九都被炮火摧毁。这套书当时正在闸北的印刷厂里制作，侥幸逃过了战火，存留了下来。后来，《八德须知》在全国公开发行，大受各界读者欢迎。遗憾的是，建国后这套书就罕见踪影。此次我们从国家图书馆善本室的“故纸堆”里发现这套书，重新进行整理修订，基本保留了文言原文和插图及题诗，删去了一些明显带有封建迷信的内容，并约请熟悉文言文和古代历史的朋友，根据现代汉语规范重新进行白话文翻译，力求文字简洁生动，适合青少年读者的阅读习惯。同时沿袭这套书原来的编排体例，根据故事内容主题划分为孝悌、忠信、礼义、廉耻四卷，并在每本书前分别附有序言，以帮助读者更好地理解该书的深刻蕴涵。

这几年，全社会都在探讨做人的道德底线的问题，社会舆论也愈来愈担忧青少年的道德滑坡、品格沦丧，在这样的现实背景下，我们整理出版这套通俗读解历史、讲述中华美德故事的图书，对于传承中华五千多年历久弥新的德教精神、清正社会风气、建立社会核心价值体系，是非常及时并具有深远意义的。幼儿养性、童蒙养正、少儿养志、成人养德，看圣贤事、立君子品、做有德人，让我们重视这一类世代相传、发人深省的传统，感动于轻松读史中。

说说孝悌

孝，就是孝顺、孝敬父母。《说文》上说："孝，善事父母者。"意思是：孝，就是要善待父母。鸦雀反哺，羔羊跪乳——乌鸦都懂得反过来哺喂年老的父母，羊羔都懂得跪着吃奶。禽兽都知道孝敬父母，报答父母如海深、如山重的恩情，何况是作为万物之灵的人呢？

那么，如何孝敬父母呢？《孝经》上说："孝子之事亲也，居则致其敬，养则致其乐，病则致其忧，丧则致其哀，祭则致其严。五者备矣，然后能事亲。"意思是：孝子要这样侍奉双亲：日常起居生活时要向双亲表达自己的尊敬和敬重，赡养双亲要表现出快乐和高兴，父母生病时要表达自己的担忧，父母去世要表示自己的哀痛，祭祀已故双亲时要表达自己的严肃和敬穆。古人认为："身体发肤，受之父母，不敢毁伤，孝之始也。立身行道，扬名于后世，以显父母，孝之终也。""君子之事亲孝，故忠可移于君。""夫孝，始于事亲，中于事君，终于立身。"这些话的意思是，儿女是父母血脉和生命的传承与延续，孝要从爱惜受之父母的身体开始。对父母孝敬，就会对君主忠诚，而后才能立身处世，扬名立万，彰显父母的名声，这就是孝的顶点。古代之所以要把那些孝顺父母、清廉方正的人选拔为官吏，正是因为看到了孝子必会成为忠臣这一点，孝与忠有着某种天然的联系。

在今天，我们讲孝特别具有现实的和深远的意义。随着老龄化社会的日益迫近，"一对夫妇只生一个孩子"的国策、独生子女造成了典型的"421家庭"（父母、岳父母4个老人，2个夫妻，1个孩子）越来越多，亲情的需求和渴求将日益成为一种奢侈品。目前，社会上已经出现了许多"空巢家庭"，老人因家庭分化、配偶去世等，真正变成了"孤家寡人"，子女或因出国、分居，或因生活压力，几乎无暇、无心也无力顾及年迈的父母。加上现代通讯手段的便捷，人际情感及交往模式日渐简化和淡化，"常回家看看"往往成为一种空谈或奢望。那些孤单、孤独的老人盼星星、盼月亮地期待着子女回家看看。而子女的回家却是多么的为难和艰难。而即便回了家，也都是匆匆过客，拿父母的家当旅馆。老年人对亲情的渴望和需求还会越来越强烈、越来越迫切。如何解决这个社会问题，提倡孝道是极其重要的。

当然，在当下，讲孝顺父母，不光是要为父母支付必要的生活费、赡养费，更重要的是要满足父母对于亲情的渴盼和对于情感的需求，或许就是陪他们说说话，聊聊天，或者哪怕是就在他们身旁呆上一会儿，也能让他们感到莫大的满足和愉悦。

悌，古代亦作"弟"。"善事兄长之为悌"。就是要善于侍奉兄长，对兄长顺从、友爱。因此，悌中包含了谦逊恭顺的意思。引申开来，就是在家里要善于侍奉和尊重兄长，外出则要尊重长辈，恭敬礼待长者。

那么，什么是长者、长辈呢？"举凡年长于我、分长于我、职长于我者，推之德行长于我、学问长于我，皆长也。"也就是说，只要是在年纪、辈分、职务、德行、学问等任一方面比我大或高的人都是我的长者，都是我的师长，就都是我应该尊重的人。所以，我们讲悌，就包括了敬重师长、学长、长辈的意思。推崇悌，实际上就是推崇德行、学问等。

今天，随着独生子女的日益普遍，亲属关系越来越简化，传统上寻常的兄弟亲缘将日渐消失。那么，讲"悌"就还要讲拥有"四海之内皆兄弟"的襟怀。天下人群，熙熙攘攘，要倡导这种宽广的兄弟情怀，倡导"海内存知己，天涯若比邻"的气度，倡导与人为善、与人善处的思想和追求。如果，人人争做谦谦君子，以礼待人，那么"天下大同"就不会是一个空想，也不会是一个遥远的梦了。

《孝经》云：『孝子之事亲也。居则致其敬，养则致其乐，病则致其忧，丧则致其哀，祭则致其严。五者备矣。然后能事亲。』

夫孝，始于事亲，中于事君，终于立身。

试观乌鸟反哺，羔羊跪乳，禽兽尚知孝，可以人而反不如乎？

君子事兄悌，故顺可移于长。

悌者，所以事长也。无论伯叔姑姊兄嫂师友，凡长于我者，皆应敬以事之，而友爱若弟若妹。

是悌也者，在家则谓善于事兄，出外则谓善于事长。举凡年长于我，分长于我，职长于我者，固无论已，推之德行长于我，学问长于我，皆长也。

虞舜耕田

◇ **原 文**

虞舜，姓姚名重华。父瞽瞍顽。母握登贤而早丧。后母嚚，弟象傲，常谋害舜。舜孺慕号泣，如穷人之无所归。负罪引慝，孝感动天。尝耕于历山，象为之耕，鸟为之耘，帝尧闻之，妻以二女，历试诸艰，天下大治，因禅焉。

大舜心中，只有父母，故不知其他，只求可得父母之欢心，故始终不见父母不是处，人伦之变，至舜而极。然能尽爱敬之诚，则至顽如瞍，尚能底豫允若，况顽不如瞍者乎。

◇ **白 话**

虞代的舜帝，姓姚名叫重华。他父亲叫瞽瞍（瞽瞍，音gǔ sǒu），是个没有知识且狂妄自大的人。他的生母名叫握登，很贤德，但可惜早已过世。后母呢，是个嚣张放肆的女人。还有一个弟弟名叫象，性子傲慢，目无兄长。这伙人常常一同想了阴谋来害虞舜。但虞舜宽容了这一切，他认为父母兄弟之所以如此，全是因为自己对他们侍奉不周，内心愧疚而负罪，反而常常像个孩童般忏悔地哭。虞舜这样的孝行，终于感动了上天。一次，在历山地方耕种时，连大象都赶过来帮着他耕地，飞鸟也都围过来帮着他除草。这些事情很快就被当时的皇帝尧帝知道了，尧帝非常赞许他，就把两个女儿都许配给了他。尧帝有心让虞舜继承自己的帝位，便屡屡用艰难险阻的事情来试探他考验他，但虞舜每次都凭着自己的品行和才智过关了，虞舜辛勤地辅助着尧帝，终于得以使天下大治，尧帝便把帝位禅让给他了。

大舜心中，只有父母，只求可得父母兄弟的

欢心，始终不计较其不是处，也只有舜能做得到这个程度。可见只要尽了爱敬的诚意，糊涂妄为到瞽瞍的地步，也是能让人转变的。

虞舜大孝，竭力于田。象鸟相助，孝感动天。

◇ **原 文**

周，仲由字子路。家贫，常食藜藿之食。为亲负米百里之外。亲没，南游于楚。从车百乘，积粟万钟，累茵而坐，列鼎而食。乃叹曰：『虽欲食藜藿，为亲负米，不可得也。』孔子曰：『由也事亲，可谓生事尽力，死事尽思者也。』

李文耕谓事亲之事，承颜日短，报德思长。如仲氏子者，方乐负米之欢，旋抱衔恤之痛。思藜藿而不得，列钟鼎而徒然。子欲养而亲不待，盖千古有同慨也，为子者幸而逮存，可不思孝养之及时也乎？

◇ **白 话**

周朝时候有个贤人叫仲由，字子路。家里很贫穷，他自己常常吃些野菜藜粟之类的东西充饥，但侍奉双亲，却常常去到百里之外的地方背了米回来给爹娘吃。等到爹娘都去世后，他游历到了南方的楚国，楚王聘他做了官，从此拥有了车乘百辆，余粮万钟，鼎食充足，衣物富余。然而，过着这样的日子，仲由却常常叹气，他说：“我现在虽然富贵了，但想要再回到自己吃野菜糠粟，却为父母百里背米的日子，已不可能了。”

李文耕说：“事亲之事，可承欢膝下的日子是很有限的，正如仲由感怀负米之欢，而遗憾转瞬失亲之痛。不能承欢父母膝下，食钟鼎又如何？！正所谓‘子欲养而亲不待’，做子女的，怎能不好好思考孝养须及时的道理呀！”

（李文耕：字心田，号复斋，又号垦石，昆阳人。嘉庆壬戌进士，历官贵州按察使。曾先后于山东、湖北、贵州做官二十余年，公廉律己、体恤民情，吏治清明，政绩斐然。著有《喜闻过斋诗集》。辑有《孝悌录》，本书引述李文耕的话均出自《孝悌录》篇后的“论赞”。）

子路尽力，负米奉亲。亲没仕楚，叹不及贫。

闵损芦衣

◇ **原 文**

周，闵损，字子骞。早丧母，父娶后妻，生二子。母恶损，所生子，衣绵絮，而衣损以芦花。父令损御车，体寒失靷。父察知之，欲逐后妻。损启父曰：『母在一子寒，母去三子单。』父善其言而止。母亦感悔，视损如己子。

李文耕谓闵子留母之语，凄然蔼然，从肺腑中酝酿而出，虽使铁石人闻之，亦为恻恻心动。何其天性之厚且纯也。卒之全母全弟全父，一家太和之气，直从孝子一念恳恻中转回，为子者其三复之。

◇ **白 话**

周朝时候有个孝子姓闵名损，母亲早逝，父亲娶了个后妻，生了两个儿子。那个后母厌恶闵损，冬天给自己亲生的两个儿子都穿上棉呀絮呀做的衣服，而给闵损穿的，却是野地里的芦花做的薄衣。一次，闵损的父亲外出，叫闵损来推车子，那芦花衣根本起不到御寒的作用，可怜的闵损冻得哆哆嗦嗦，手指僵硬，一个不小心，把车上驾马引轴的皮带子都弄掉了。父亲起初很生气，以为闵损做事潦草敷衍，后来才觉察出儿子是因为穿了芦花衣太冷的缘故，便愤怒地要将后妻赶出家门。闵损却对父亲说：“请求父亲别赶母亲出门！后母在此，无非我一个儿子受着寒冷，倘若后母离开，则有三个儿子都要受孤单了。”父亲觉得闵损说的不错，这才罢了，而那后母，从此也感悟懊悔，对待闵损就像自己亲生的儿子一样了。

李文耕说，闵损留母的话，凄然蔼然，从肺腑中酝酿而出，即使铁石心肠的人听了，也会恻然心动，何况天性纯厚之人。他使全家人完整和睦，一片太和之气，真是孝念悬恻，值得为人子者思索再三呀。

孝哉闵子，衣芦御车。
感父救母，千古令誉。

◇原文

周，曾参字子舆，善养父志，每食，必有酒肉。将彻，必请所与。父嗜羊枣，既没，参不忍食。采薪山中，家有客至，母无措，啮指以悟之，参忽心痛，负薪归。妻为母蒸梨，不熟，出之。过胜母，避其名，不入。学于孔子，而传《孝经》。

李文耕谓凡为父母，未有不望其子之成立。成立于功名者小，成立于道德者大。为子者欲学曾子之养志，必学曾子之志于道，悟彻一贯，三省其身，不然，虽多备酒肉，曲承欢笑，异于徒养口腹几何。

◇白话

周朝的曾参字子舆，平素对父母十分孝顺，事事顺应父母的心意。他给父母吃的每餐饭一定是有酒有肉的，连吃完后什么时候才能撤去饭桌，也一定先问过父母，又要问过父母吃剩下的饭菜送哪个，他照着去做。总之，他的一举一动都愿意顺着父母的心意。他的父亲爱吃羊角枣，父亲去世后，曾参竟终生不吃这个东西了。一次，他在山中砍柴，家中来了客人，母亲没钱备办待客的东西，无奈之下，就咬破了自己的手指头，希望曾参有所感应。曾参在山中果然忽觉心里像被小鹿撞了一下那样痛，他知道肯定是母亲遇到了难事，在召唤自己了，于是背着柴赶忙回了家。又一次，妻子为他母亲蒸梨吃，却把没有蒸熟的梨端了上来，曾参气得把妻子赶出了家门。又一次经过一处地方，这处地方名叫“胜母”，曾参觉得此名称对母亲有所不敬，便无论如何也不肯走进门里去了。后来曾参在孔子门下受学，孔子很赞赏他，特别传了他一部《孝经》。

李文耕说，凡做父母的，没有一个不指望自己的子女有所成就，但成就功名是小事，而成就道德品质才是大事。做子女的一定要学曾参，养父母首先要做到的，是真正顺着父母的心意，否则，即使对待父母有酒有肉，曲意承欢，也不过是徒养父母的口腹而已。

曾子养志，请与有余。母啮其指，负薪归庐。

老莱斑衣

◇ **原　文**

周，老莱子，姓莱佚其名，楚人。至孝，奉二亲极其甘脆。行年七十，言不称老，尝着五彩斑斓之衣，为婴儿状，戏舞于亲侧。并在双亲前弄雏，欲亲之喜。又尝取水上堂，诈跌卧地，作婴儿啼，以娱亲意。

李文耕曰：恒言不称老一语，记礼者原自体贴入微，得莱子之斑衣弄雏，乃发挥尽致矣。以舜之孺慕、参之养志，合为一人，其真爱流溢处，令人神往不尽。

◇ **白　话**

周朝时候，有个叫老莱子的，奉待父母十分有孝心，给父母吃甘甜的食物用柔软的物品就不必说了，更难得的是到他自己也到七十岁的时候，他在父母面前言语间也不敢称老，真是做到了《礼记》里“父母在，恒言不称老”这句话了。为了博爹娘开心，他又常常穿着五彩斑斓的衣服，故意做出小孩儿状，在父母面前游戏歌舞。或者在双亲面前戏耍小鸟，做出小孩顽皮的样子，博得爹娘开心极了。有时候他还挑了两桶水到堂上来，故意滑倒在地，水翻了，弄得自己身上水淋淋的，他就故意像小孩子般哇哇大哭起来，样子十分滑稽，年迈的父母亲哪里忍得住，都哈哈大笑，快活极了。

李文耕说，古语称“恒言不称老”，从老莱子着斑衣弄雏鸟的举动来看，已是发挥这句古语到极致了。他对父母的真爱流溢，真是让人感叹神往啊！

老莱七十，戏彩娱亲。作婴儿状，烂漫天真。

◇ **原　文**

周，郯子，鲁人，史佚其名。天性至孝。父母年老，俱患双目，思食鹿乳而不得。郯子顺承亲意，乃衣鹿皮，去之深山中，入鹿群之内，取鹿乳以供亲。猎者见而欲射之，郯子具以情告，乃得免。

王应照曰：孝子事亲，必养其心志，而不徒养其口体。鹿乳异味，因老人偶然思食，蒙皮入山，本一片诚孝之心，发为机智，得乳归奉，父母之心顺，孝子之心安矣。李文耕谓为反哺至情，不亦然乎。

◇ **白　话**

周朝时候，有个鲁国的贤人叫郯子的，天性就很孝顺。他的父母都年纪大了，双目患病也全瞎了，听说吃鹿的乳汁可以治眼疾，他们便多方寻找，可是找不到。郯子深知父母的心意，决心自己上山去找鹿乳。他披上鹿皮，来到深山中，看到鹿群便悄悄地混迹其中，鹿们一点儿也没觉察出来，终于给他取到了一些鹿乳。可是，没想到，正在郯子十分惊喜的时候，几个上山来猎鹿的猎人到了，看见郯子，还以为这是一只个头尤其壮大的鹿呢，拉开弓就要射箭，郯子慌忙起身，大声叫着跳出鹿群，这才避免了一场灾祸。他又把详情告诉了那些猎人，大家都非常感动郯子的孝心，以后谁上山猎鹿，都会记得帮郯子取些鹿乳回来。

王应照说，孝子服侍双亲，一定要奉养双亲的心意，而不仅仅是奉养双亲的吃穿。蒙皮上山寻鹿乳，这真是一片孝诚之心，李文耕所说的“反哺至情”，不就是这样的了吗?

（王应照：明末清初学者，曾任明熹宗展书官。著有《锡类编》。本书引述王应照的话均出自该书篇后的“论赞”。）

郯子亲老，双目皆瞽。入鹿群中，为取鹿乳。

汉文尝药

◇ **原 文**

汉文帝，姓刘名恒，高祖第三子也。初封于外为代王。生母薄太后，帝朝夕奉养无倦怠。太后病三年之久，帝侍疾，目不交睫，衣不解带，所用汤药，必先亲尝之而后进。仁孝之名，闻于天下。

王应照谓三年之病久矣。而帝之所以小心侍奉者，历三年如一日，仁孝至矣。夫太后役使满前，文帝贵为天子，以天下养，犹必躬尽子职，况平人父母。非子媳谁为服事乎，事亲之道，自尽其心而已。

◇ **白 话**

汉文帝姓刘，名恒，是汉高祖刘邦的第三个儿子。刘恒还没做皇帝的时候，高祖已封他在代州地方做王了。他原来是庶出的（庶出：即非亲生，由妾所生。此为非皇后生），亲生母亲叫薄姬，也就是后来的薄太后。汉文帝天性孝顺，不管做没做皇帝，都日日夜夜奉养母亲毫无怨言，从无倦烦的意思。薄太后曾经生病，足足病了三年之久，汉文帝侍奉在床前，殷勤备至，睡时眼睛也不敢完全闭上，衣带也没解开过，煎熬的汤药，必定先自己尝过了，才送到薄太后面前。汉文帝如此贤孝，名声很快传遍天下，人人都称赞不已。

王应照说，侍奉病人三年，时间算很长的了，但汉文帝能做到三年如一日，真是仁孝之至。且后来汉文帝贵为天子，天下人都要“养奉”他，可他仍能躬身孝奉母亲，尽一个儿子该尽的职责，何况我们平凡人呢？所以说，孝敬养奉父母，并不在于本人地位高低，身份几何，只看他（她）是否真正有一颗爱父母的心啊！

汉孝文帝，母病在床。三载侍疾，汤药亲尝。

郭巨埋儿

◇ **原 文**

汉，郭巨，字文举。家贫，子尚幼，母减食与之。巨因贫难供母，子又分甘，乃乘子出，进食。一日，子溺毙，妻惶泣，巨曰：『毋惊母。子可再有，母不可复得。』盍埋之。妻不敢违，遂掘坑三尺，雷震子苏，见黄金一釜，上有字云云。

割慈忍爱，曲体母心者至矣，所以惊天地，泣鬼神，一釜黄金，得自凄怆之顷。而雷苏其子，破涕为笑，孰谓皇天无眼耶。

◇ **白 话**

汉朝时候有个叫郭巨的人，家里很穷，孩子还小，郭母常常将自己的吃食分给孙儿吃。郭巨非常为难，给母亲吃的东西已经很少，又要分给儿子吃，这如何是好？所以，常常，他只好等儿子走出门外才进到母亲屋里，给母亲送上食物。一日，他的儿子不幸落水淹死了，妻子恸哭，郭巨虽然极度难过，但他怕母亲知道这个消息后伤心过度，就对妻子说：“别哭了，别惊扰了咱们母亲。儿子是可以再生一个的，而母亲不能再有。”于是他们夫妇俩悄悄地去掩埋孩子。刚在挖一个坑，挖到三尺深时，天上忽然炸了一个很响的霹雳，他的儿子竟然霍地一声从地上坐了起来——原来，孩子给霹雷震活过来了！同时，就在那坑里，赫然见到一盆黄金，上面还有字，写着上天赐给孝子郭巨黄金云云。

郭巨割慈忍爱，全心体念母亲的心意，真是世间难得，所以惊天地，泣鬼神，赐予一盆黄金，使儿子死而复生，谁说老天不长眼呢？

郭巨埋儿，雷震儿活。天赐黄金，官不得夺。

◇原 文

汉，江革，字次翁。少失父，独与母居。遭世乱，负母逃难。数遇贼，欲劫去，革辄泣告有老母在，贼不忍杀。转客下邳，贫穷裸跣，行佣以供母。凡母便身之物，未尝稍缺。母终，哀泣庐墓，寝不除服。后举孝廉，迁谏议大夫。

李文耕曰：次翁之孝，于险阻艰难中，全人所不能全。然在次翁，初不敢料其必全，只尽其心力，而造次颠沛，必于是耳。孔明鞠躬尽瘁，宁俞薄鸩橐饘，正同此一副心事。忠臣孝子，所以争光于日月也。

◇白 话

汉朝时候有个人姓江名革，字次翁。他从小就没了父亲，与母亲同住，相依为命。那时候天下很不太平，乱世中盗贼很多，江革只好背着母亲离家逃难去。没承想，在路上，几次遇上了劫贼，都要把江革抓走，江革总是流着眼泪说：“我有老母年迈，需要人供养，请各位放我一条生路吧。”劫贼动了恻隐之心，也不忍杀害他了。后来江革辗转到了下邳地方，更加穷困，连衣裳鞋子都买不起，便想尽一切办法去做帮工出卖力气，挣了钱来养母，这样，凡是母亲要用的东西，仍旧一样也不缺少。后来，母亲还是去世了，江革一面思念母亲，一面惟恐母亲九泉下孤独，就悲伤地住到了母亲墓旁，日夜相伴，睡觉时连孝服也不脱。后来有人见到他的孝行深笃，就举荐了他“孝廉”（孝廉：选拔官吏的一种科目，由各郡推举那些孝顺清廉的人充任官职），最后还做到了谏议大夫的官（谏议大夫：掌议论的官）。

李文耕说：江革的孝，是在艰难险阻之下，

全人所不能全。江革这样做，不过是尽其心力罢了，即使是颠沛流离，也在所不辞。孔明对君主、国家鞠躬尽瘁，殚精竭虑，和江革的孝母不是同此一副心事么？所以，忠臣孝子，可同与日月争辉呀！

江革避难，负母保身。乱平贫苦，行佣供亲。

◇ **原 文**

汉，蔡顺，少孤。事母孝。遭王莽乱，拾桑葚，盛以异器。赤眉贼问其故，顺曰：『黑者奉母，赤者自食。』贼悯之，赠牛米不受。母丧，未及葬，里中灾，火逼其舍，顺抱柩号哭，火遂越烧他室。母生平畏雷，每雷震，顺必圜冢泣呼。

◇ **白 话**

汉朝有个蔡顺，从小就没了父亲，对母亲非常孝顺。那时候适逢外戚王莽篡权代汉，建立新朝后期，赤眉军起义，年岁又荒，没有饭吃了，他就去捡拾桑葚充饥。但见他分别用了两个器皿来装桑葚，一个装黑的桑葚，另一个装红的。赤眉军（赤眉军：农民起义军因用赤色染眉做标识，故称“赤眉军”）见了觉得很奇怪，问他为什么要分开来装，蔡顺答道：“黑的我要给母亲吃，红的我自己吃。”谁都知道，黑的是熟透了的桑葚，自然更甜更好吃。赤眉军的人听了，无不感动，就要送他牛蹄和白米，但蔡顺不肯平白接受，便婉言辞谢了。后来，母亲去世，还来不及安葬之时，蔡顺家附近忽然起了大火，火势直逼家里来，蔡顺竟无惧大火，守着母亲遗体，抱住灵柩大哭，说也奇怪，那大火竟然跳过了他家，烧到别家去了。蔡顺的母亲在世时最怕听到打雷的声音，所以母亲去世以后每逢雨天打雷，蔡顺也必定要到母亲坟上来的，他绕着坟走，边走边哭喊，以使地下的母亲不感到害怕。

蔡顺丧父，世乱岁荒。拾葚奉母，赤黑分筐。

姜诗出妇

◇ **原 文**

汉，姜诗事母孝，妻庞氏尤孝。母嗜鱼脍，又好饮江水，去舍六七里，妻往汲之。值风归迟，母渴，诗责遣之。妻寄止邻舍。纺绩市珍羞，使邻母往遗，久之，姑遂召还。舍侧忽涌泉，味如江水，每日跃出双鲤，取以供膳。

子之孝，不如率妇以为孝。妇能养者也。故堂前得一孝妇，胜得一孝子。

《范书》录诗妻，旨深哉。

◇ **白 话**

汉朝时候，有个叫姜诗的，很孝顺母亲。他的妻子庞氏，比姜诗还孝顺婆婆。姜诗的母亲爱吃鱼肉，又喜欢喝大江里的水。可是那江水离他家有六七里路远。亏得庞氏不怕劳苦，每日提了桶去打了江水来给婆婆做饭菜吃。一日，碰巧刮起了大风，庞氏挑水回来得迟了。姜诗母亲久等不来江水，口渴难受，姜诗便责怪妻子，一气之下把她赶出了家门。庞氏只好暂住到邻居家，但每日仍辛勤纺织，得来的钱又买了好菜好饭，叫邻居的妈妈送到姜家去给自己婆婆吃。这样过了好久，姜诗和母亲都感动了，小姑子也深受感动，姜母发话，小姑子亲自去把嫂嫂接回了家中来。没想，接回庞氏后，姜诗家的屋旁边，一日竟然就涌出了一股泉水，水的滋味，竟和那江水一模一样。更加神奇的是，从此后每日里，那泉水中都会有两条鲤鱼跳出来，他们便每日都可以做鱼汤给母亲喝了。

做儿子的孝顺固然应该，但又不如做个好榜

样，带领自己的媳妇也孝顺。所以说：堂前得一孝妇，胜过得一孝子。《范书》能够收录姜诗妻子的事迹，用意是很深的。

姜诗夫妻，孝奉甘旨。舍侧涌泉，日跃双鲤。

黄香温清

◇ **原　文**

汉，黄香，字文强，江夏人。年九岁丧母，哀毁逾礼，乡人称其孝。家贫，躬执勤苦，事父尽孝。夏天暑热，扇凉其枕簟；冬日寒冷，以身温其被席。父疾，侍奉尤极其诚。太守刘护表而异之。后举孝廉，官至尚书令。

王应照谓九龄幼童耳，以常情论，则扇枕温衾诸事，犹是父母爱子之所为，若子于父母，焉知此哉。卓哉文强，既知思母，又能孝父，九龄人能恪供子职，凡老大而不知孝，与孝而不尽力者，胥愧死矣。

◇ **白　话**

汉朝时候有个孝子名叫黄香。黄香九岁时，母亲死了，他异常哀痛，一乡人没有一个不称赞这个小孩孝顺的。家里很穷，小黄香便努力勤苦地干活养家，一心服侍父亲，尽责尽职。夏天暑热，黄香便先用扇子把父亲睡的炕席扇凉才让父亲睡。冬日寒冷，黄香又先用自己的身子暖好被窝才叫父亲去睡。父亲生病了，黄香更是辛劳尽心。当时江夏的知府官刘护听到这样一个九岁的孩子竟有如此孝行，非常惊奇而感动，便奏请朝廷旌表他。后来黄香还被举荐当了孝廉，官至尚书令（尚书令：尚书即掌管章奏文书的官，尚书的主管即是尚书令，是中央行政监督各部门的最高首长）。

王应照说：扇枕温被，如此种种行为，本来是父母爱子女所能做出的，却没想到竟是九龄幼童所为！观黄香既能思母，又能孝父，恪尽子职，一些年纪老大而不知孝行者，岂不该羞死！

黄香九岁，母丧父存。
温衾扇枕，奉侍晨昏。

◇ **原文**

汉，董永，性至孝。家贫，父死，卖身贷钱而葬。及往偿工，途遇一妇，求为永妻。同至主家，令织缣三百匹乃回。一月完成。主大惊，听永归。至槐阴会所，妇辞永曰：『吾织女也，天帝感君之孝，令我相助耳。』言讫，凌空而去。

◇ **白话**

汉朝时候有个青年名叫董永，天性非常孝顺。因家里穷苦，他的父亲去世都没钱来筹办丧葬。在这无措间，董永想到了干脆去卖身来筹钱下葬父亲。果然，有人答应帮董永下葬父亲，但过后董永就得去给他家做工，以此来抵卖身钱。董永感激地答应了。等父亲的丧事操办完毕，董永守诺地前往那个债主家。走到半路时，他遇到了一个漂亮女子，那女子说心甘情愿和董永结为夫妻。董永自然高兴万分，拉着她的手便一同到了债主家。债主吩咐他们，等织出本色的重绢三百匹才可以走人。若按董永一个人的力量，不知何年何月才织得完这些绢呢，可是没想到，那女子却织得神速，又快又好，不消一个月工夫，三百匹绢就统统织完了。债主惊讶得张大嘴巴，感到实在不可思议，就假装允许董永他们回家，但暗中，却偷偷地跟着他们，到了一棵槐树下，正是当初董永遇见那个女子的地方，只听见那女子停住了脚步，依依不舍地对董永说：“我不得不就要和你告辞了，我原来是天上的织女，是因为天帝感动于你的孝行，特地派了我来帮助你的。”说完，便见那织女姑娘飘然上了天。

董永家贫，卖身葬亲。
天遣仙女，织缣完绢。

◇ **原 文**

汉，丁兰，河内人。早丧父母，刻木像，事之若生。邺人张叔假物，兰妻卜筶，木像不许。叔醉詈木像，且击之。兰归，见木像色不怿，询知之，即奋击张叔。吏至，捕兰，木像为之流涕。郡嘉其孝通神明，奏之，诏图其形。

思亲不见，而刻木事之，此不得已之极思也。而思慕之诚，木亦通神，忽而不怿，忽而流涕，非孝子精诚所致乎？

◇ **白 话**

汉朝时候有个叫丁兰的人，早年父母都去世了，他因思念双亲，便用木材刻了父母的像供奉着，像父母生前一样恭敬有孝。一天，丁兰的邻居张叔来他家借件东西，刚好丁兰出去了，丁兰的妻子便向木像问询可不可以借，木像的脸现出不情愿的样子。其时张叔刚好喝了酒醉醺醺的，便张口就骂木像，又伸出手打了他们。等到丁兰回家来，到木像前请安，忽然发现木像脸色很难过的样子，急忙询问妻子。妻子告诉了张叔打木像的事。丁兰当即找到张叔狠狠揍了一顿，不想却揍过了头，把张叔打坏了，吏捕便来抓他，木像竟然哭了，流出一行行的眼泪和鼻涕来。地方官等人看到这一幕，都惊叹不已，说丁兰孝感神明，精诚所至，木像也通神了。这事奏请过皇上后，便不但放了他，还把他的形象也刻画到孝子图里去了。

思念双亲，只好刻了木像来供奉，这是不得

已而为之的极思。而思慕之诚，致使木像也通神，和真人一样有感应，这岂不是孝子的精诚所至么？

丁兰丧亲，刻木奉养。张叔击之，像亦悒快。

陆绩怀橘

◇原文

汉，陆绩，字公纪，吴郡人。其父康，曾为庐江太守，与袁术交好。绩六岁时，于九江见术，术出橘待之。绩怀其三枚，及归拜辞，橘堕地，术笑曰：『陆郎作宾客而怀橘乎？』绩跪答曰：『吾母性之所爱，欲归以遗母。』术大奇之。

情到真处，小节亦关至行。况六岁之儿，一橘不忘母乎，真千古美谈也。今人席间怀果，欲娱其儿，夫一样怀归，盍易爱子之心以爱亲。怀物与儿，识者贱之，怀物奉亲，人皆敬之。奇哉陆郎，可以为法矣。

◇白话

汉朝时候，有个小孩名叫陆绩，他的父亲陆康在做庐江知府时与袁术很要好。陆绩还在六岁时，一次到九江地方去拜见袁术。袁术端出一盘橘子来给陆绩吃，陆绩趁人不注意，却暗暗地把三个橘子都装进了袖子里。做客完毕，告别出门来，小陆绩向袁术拜谢，不料手一作揖，宽袖里的三个橘子便扑扑扑跌落地上。袁术哈哈大笑，说："小陆绩，你来做小客人，竟暗地里藏了主人的橘子归，你就不怕别人说你是来偷橘子的么？"陆绩听了，既不好意思又难过，扑通一下跪在地上，回答袁术道："这只是因为我母亲十分喜欢吃橘子，我们那个地方少有这种东西，所以我想带几只回去给母亲吃。"袁术听了，才明白过来，并感到不可思议：一个六岁幼孩竟有如此孝心！

其实情到真处，一举一动细微之处都能看出一个人对双亲的孝心、爱心，正如小陆绩一橘亦不忘己母。世人常见有席间偷偷拿了果子回家给自己孩子吃的，这是爱子之心使然，但说起来仍是贪小便宜，实不能以为荣，但怀物奉亲，却少有人能做到，亦博得人皆称颂，这里面实在是有不少道理值得今人深思啊！

陆绩六岁，作客归来。母性所爱，怀橘三枚。

◇ **原　文**

吴，孟宗，字恭武，江夏人。少丧父，母老疾笃，思笋煮羹食。时冬节将至，笋尚未生，宗无计可得，乃往竹林中抱竹而泣。孝感天地，须臾，地裂，出笋数茎，持归作羹以奉母，母食之而病愈。人皆以为至孝所感。

脾胃既衰，饮食无味，偶思一物，宛似异常甘美，急欲得而食之，此病人常情，况老而病笃乎。无如时当冬月，笋从何来？宗之哭竹，非乞灵于竹也，而竹亦效灵，情到至处，不可以恒理测度者每如此。

◇ **白　话**

三国时候吴国地方有个孝子叫孟宗，少时即失父，与母亲相依为命，但他母亲年岁大了，又长年生着重病。因为久病，脾胃已衰弱，饮食无味，孟母就想弄点鲜笋来煮粥吃。可是当时，冬至将到，天寒地冻，竹笋还沉睡在地下没长出来呐！孟宗没有办法，看到母亲久病偶然想吃某样东西而不得，十分难过，不知不觉，他就跑到竹林里，想着想着，竟抱着竹子哭了。孟宗哪里晓得，正是这发自真心的孝心，竟感动了天地，他正哭了一会儿呢，地下竟裂开了一道口子，几支尖尖的竹笋长了出来。孟宗拿着这几支竹笋回家做笋羹给母亲吃后，母亲的病竟也奇迹般地好了。人人都传颂这真是情到深处至孝感天，才会出神奇啊！

东吴孟宗，抱竹而哭。
冬月笋生，母疾平复。

◇ **原 文**

魏，王裒，父仪，为晋文帝所杀，裒终身未向西坐，示不臣晋。母畏雷，每闻雷，即奔墓前，拜泣告曰：『裒在此，母勿惧。』尝攀墓前柏树号泣，泪着树，树为之枯。读诗至『哀哀父母，生我劬劳』，必三复流涕，门人尽废《蓼莪》篇。

◇ **白 话**

三国时候，魏国有个孝子名叫王裒（裒，音póu），他的父亲王仪是被晋文帝杀死的，所以王裒终生都不肯面西而坐，以表明自己不肯给晋朝做臣子的决心。王裒的母亲生前胆小怕雷声，王裒便每回听到打雷就立即奔到母亲墓前，泪涔涔地拜哭着说：“儿子王裒在此陪伴母亲，母亲不要怕呀！”他常扶着墓旁的柏树哭，咸咸的眼泪落到树上，久而久之，那棵柏树竟然慢慢枯萎了。每回读诗，读到那一句“哀哀父母，生我劬劳”，王裒都忍不住流泪，并反反复复心下吟诵，体会有加。如此，他的弟子们反而不忍卒读有“哀哀父母”句的《蓼莪》篇了。

王裒泣墓，为母畏雷。
《蓼莪》废读，慨念哀哀。

王祥剖冰

◇ 原文

晋，王祥，早丧母，继母朱氏不慈，数谮之，祥奉命愈谨。母嗜生鱼，时冰冻，祥解衣，将剖冰求之，冰忽自解，双鲤跃出，持归供母。母又思黄雀炙，复有雀数十，飞入祥幕。有丹柰结实，母命守之，每风雨，祥辄抱树而泣。

◇ 白话

晋朝时候有个孝子叫王祥，早年生母就去世了，继母朱氏不是个慈爱的人，对王祥不好，常到王祥父亲面前絮絮叨叨告状，背后捏造王祥的坏话。王祥却从不计较这些，反而对继母侍奉得更勤谨小心。朱氏喜欢吃新鲜的鱼，但那时是冬天，河水全都结成了冰，又如何能捕到鱼呢？王祥便脱下衣裳，决心使劲砸开冰层来抓鱼。没想他有这念头后，那冰层竟自然裂开了，并从裂缝里跳出两尾鲤鱼来。王祥便高兴地拿回家给继母煮吃了。朱氏又很想吃烤黄雀。王祥正愁眉苦脸呢，竟有几十只黄雀自动飞到王祥的棚屋下，王祥又可以拿去孝敬母亲了。王祥家有棵丹柰树，眼看就果实成熟了。这时候果子最怕风雨吹打，继母便叫王祥好好守着，不许果子掉落一只。王祥听话地守着果树，每每刮风下雨，他都眼泪汪汪祈求果子别掉落。那果子，竟然真的一颗也不掉——都是因了王祥一片孝心，连风雨果树也有知觉啊！

王祥至孝，继母不恤。剖冰求鱼，双鲤跃出。

吴猛饱蚊

◇ **原　文**

晋，吴猛，字世云，豫章分宁人。年八岁，事亲至孝。家极贫寒，榻无帷帐，每当夏夜，任蚊攒肤，恣渠膏血之饱。虽多，不敢驱之，惟恐其去己而噬亲也。

王应照谓父母育子，为之挥蝇，为之驱蚊，痒则搔之，寒则裹之，恐惊之而不敢高声。稍不安，则直欲分痛，爱子情深，何不可作恣蚊饱血观也。惟孝子还以报亲，且寓爱物之意，此其所以有仙格也。

◇ **白　话**

晋朝时候有个孝子名叫吴猛，只有八岁就已十分懂事孝顺。他家极贫穷，床上连蚊帐都没有，每到夏夜，他就任蚊虫叮咬他全身，让它们吃个饱，却不用手驱赶拍打。原来，他是怕把蚊虫驱赶开而转去叮咬自己的父母，他宁愿希望用自己的血喂饱蚊子也不愿父母受蚊虫叮咬之苦呀！

王应照说：一般父母爱子女，会为之驱蚊挥蝇，为之抓痒驱寒，连说话都不敢惊吓着自己的孩子，稍有不安适都恨不能为子女代苦分痛。爱子情深至此，为子女代受蚊虫叮咬之痛是可以理解的，但孝子能以这种方式报亲，就不容易而难能可贵了！

吴猛八岁，家无床帷。
恣蚊饱血，恐噬亲肌。

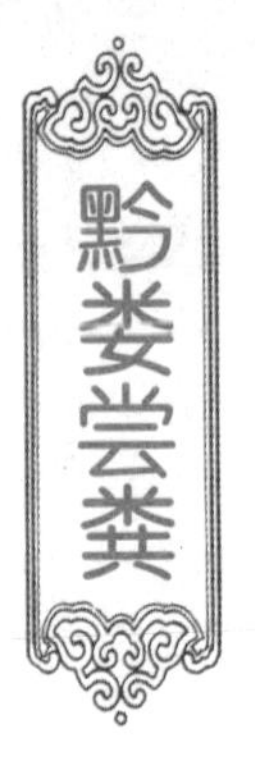

◇ **原　文**

南齐，庾黔娄，字子贞，新野人，为孱陵令。到任未旬日，忽心惊汗流，即弃官归。时父易病痢，始二日，医者曰：『欲知瘥剧，但尝粪，苦则佳。』黔娄尝之，甜，心忧之。每夕，稽颡北辰，求以身代父死。易卒，居丧过礼，庐于冢侧。

李文耕曰：以心惊而知父疾，已见至孝冥感。而断然弃官，毫无瞻顾，至尝粪验疾，吁辰祈代，则忧思之迫切，而不可解矣。凡此至性至情之所为，总不可于世情中觅求见解。

◇ **白　话**

南北朝时候，南齐有个人叫庾黔娄的，他上任离家很远的孱陵县的县令，到任还未到十天，忽一日心头觉得好似鹿撞般，怦怦惊跳，额角汗珠子也簌簌流下来，他知道一定是家里有大事不妙了。他便即刻毅然辞官不做而归家了。果然！原来是家里的父亲名叫庾易的，得了痢疾，病得很重了。庾黔娄赶忙请来医生看病，医生诊断后说：“你要搞清你父亲的痢疾能否医好，只有去尝病者的粪便，若味苦，则好治。”庾黔娄听了，二话没说，立刻就尝了尝父亲的粪便，粪味是甜的，他心里十分不安忧虑。每天晚上，他都叩头拜祷天上的北斗星，请求保佑父亲平安，或请求能代父死，好让父亲还有机会安享晚年。但很快，他父亲庾易还是病逝了，庾黔娄便只得异常哀伤地在父亲坟旁搭了草舍住着，居丧守孝了好几年。

李文耕说：庾黔娄正因为有孝格，所以能通冥感；断然弃官、尝粪验疾、吁辰祈代、思之迫切，这一切至情至性之所为，哪能用世俗见解去揣测！

（编者按：中医理论讲从一个人的便溺痰涎中可测知疾患，所以庾黔娄的做法是有根据的，但此举在今天应理性辨证地看待。）

黔娄为令，父病弃官。
礼斗祈代，尝粪心寒。

寿昌弃官

◇原 文

宋，朱寿昌，年七岁。生母刘氏，为嫡母所妒，出嫁，母子不相见者五十年。寿昌屡求不获。神宗朝，弃官入秦，与家人诀：『誓不见母，不复还。』行至同州得之，母年七十余，寿昌乃迎归。并迎其同母弟妹共居焉。

王应照谓髫年别母，莫审行踪，碌碌尘途，心常抱疚。纵富贵兼全，但念天下岂有无母之人，五十年来，肠一日而九回矣。一旦弃官，入秦求访，观其与家人诀别之言，诚穿金石，宜其得以天伦重聚也。

◇白 话

宋朝时候，寿昌才七岁时，他的亲生母亲刘氏，就被嫉妒她的正室排挤走（正室：正妻，与侧室即妾相对），并被远嫁他乡去了。从此，小寿昌就与亲母隔绝，母子一别竟五十年之久！寿昌慢慢长大了，他一直没有忘记要去寻找母亲，但屡屡出去寻母而不得。到宋神宗做皇帝时，朱寿昌此时已做了官，但因为一直想念母亲，不久便辞官不做，而专程到陕西一带找母去了。出发前他与家人话别，发誓说这次若再找不到亲母就不回家了。天感其愿，等他走到同州地方时，果然找着了自己的母亲，母子相见，百感交集。而此时，寿昌的老母已七十多岁了，朱寿昌便欢天喜地把母亲接回家来，同时还把同母的弟弟妹妹也接回家了。

王应照说：朱寿昌髫年别母，五十年来，无有一日忘怀过，纵富贵兼全，最终还是弃官求访。尤其看他与家人诀别时的话语，掷地有声诚穿金石，也就怪不得老天爷要使其天伦重聚了。

寿昌离母，历五十年。
弃官寻觅，骨肉团圆。

庭坚涤秽

◇ **原　文**

宋，黄庭坚，字鲁直，一字山谷，又号双井老人，洪州分宁人也。元佑中，为太史。性至孝，身虽贵显，奉母尽诚。每夕，亲自为母涤秽器，不使婢妾为之，未尝一刻有缺子职。苏东坡叹其诗『独立万物之表』。

溺器之涤，自有婢妾为之，惟孝子不以官职之显，失其子职之常，溺器且为亲涤之，其它子职，尚有不尽者乎。

◇ **白　话**

宋朝时候，有个大诗人叫黄庭坚的，字鲁直，号山谷，又叫双井老人，元佑年间，黄庭坚官至太史（太史：西周、春秋时为地位很高的朝廷大臣，掌管起草文书、策命诸侯卿大夫、记载史事，兼管典籍、历法、祭祀等事。秦汉以后设太史令，其职掌范围渐小，地位渐低），地位很显赫了。黄庭坚诗也写得很好，苏东坡曾感叹其诗是“独立万物之表”。但就是这样，黄庭坚却又是个大孝子，对母亲侍奉得非常诚笃。每天晚上，他都要亲自为母亲清洗便桶，家里奴仆很多，为何不叫别人去做这些事呢？原来，黄庭坚说：“服侍养奉母亲，这本来就是做儿子应尽的职责，应尽的孝顺，哪里可以叫别人分去了自己的孝顺呀！”

真正的孝子，从不以自己的官职显贵而丢掉为子之职责，溺器且为双亲洗涤，则其他事还能不做到更好？这真是值得全天下为子女的该好好学习的呀！

宋黄庭坚，官居太史。
亲涤溺器，不以为耻。

◇原文

明，包实夫，事亲尽孝。明经力学，馆于太常里，岁暮归省，途遇一虎，衔其衣，入林中。释而蹲，实夫拜请曰：『将啖我耶，命也，奚憾。吾有父母年七十余，能容我毕养，吾苟存，终还汝啖。』虎即舍去。后人名其地为拜虎冈。

孝既无灾不可辟，更无物不可格。不论禽兽鳞虫，草木花果，一切有情无情，均可由一片肫诚，有求必应，无感不通。物类至于虎，凶暴已甚，而历代孝子免于虎者，指不胜屈。於戏，奇矣。

◇白话

明朝时候，有个叫包实夫的，对父母非常尽孝，并且明理守规，颇有学问，在太常里的地方教书。一年年底，包实夫回家看望双亲，行至半路，忽然遇到了一只老虎。老虎衔住了他的衣服，把他拖到了树林里。在老虎把他放下歇一歇的时候，包实夫忍着惊痛爬起来，双膝跪下朝这头老虎便拜："老虎呀老虎，你要吃我，我认命了，但是我死不瞑目呀，因为我家还有两个七十多岁的老父老母！我今日只求求你，能否让我先回家，等我侍奉完双亲到他们去世后，你再来吃我，我一定自己回到这里来送给你吃。"那老虎听了包实夫一番话，竟默默转身走了。从此人们就把这个地方叫做"拜虎冈"。

由此可见，一个人的孝心，可以无灾不避，无物不降。哪怕禽兽草木，一切有情无情之物，都能因人性中的孝意而打动，有求必应，无感不通，物类如虎，也会放下凶残而感服于孝心，所谓"孝感动天"即是也。

实夫归省，虎衔其衣。
拜请毕养，竟得全归。

缇萦上书

◇ 原 文

汉，淳于缇萦，齐人，太仓令意之少女也。意有五女，无子。会坐法当刑，诏逮系长安，临行，骂诸女曰：『生女不生男，缓急非有益。』缇萦闻而悲泣，随父至长安，上书『愿入身为官婢，以赎父罪，俾得自新』。文帝悯其孝，诏除肉刑，意遂获免。

秦定叟谓人家父母，生女不喜，只为『缓急非有益』五字。但生男未必有益，顾用情何如耳。

◇ 白 话

汉朝时候，有个叫淳于缇萦的女孩，她的父亲是太仓县令淳于意。淳于意生了五个女儿，没有儿子，缇萦是淳于意最小的女儿。一次，淳于意犯了法，要押送到长安去服刑。临行前，淳于意忍不住骂自己的女儿们说：“可惜我只生了你们五个女儿而没有一个儿子！一旦到了出事需解急难的时候，就没有一个人能够帮到我！”缇萦听了父亲这话，非常难过，就一路跟着父亲到了长安。她在父亲就要受刑前的危急中，勇敢地给皇帝写了封文书，文书上说自己一个弱女子情愿将身代父过，给官家做奴婢来赎父罪，使父亲可以回家去改过自新。皇帝看了后，一面佩服缇萦的勇气，一面感动于她的孝心，便下旨免了淳于意那割鼻割肉的厉刑了。

一般人家的父母，生了女儿会认为没多大用处，只因为“缓急非有益”五个字的缘故。但生了儿子也未必“有益”，端看生的儿子是否有用而已啊！

淳于少女，名曰缇萦。上书赎父，悲泣陈情。

杨香扼虎

◇原文

晋，杨丰之女名香，年十四岁时，随其父刈稻于田间，偶遇一虎来噬其父，时香手无寸铁，惟知有父而不知有身，踊跃向前，扼持虎颈，虎大惊，弃丰而奔逸，父遂得免于害。太守孟肇闻之，上其事于朝廷，下诏以旌其门闾。

吕坤谓惟义能勇。胆莫怯于女子，力莫弱于闺门之少年，猛憨多力，莫强于噬人之虎，香也乃能搤其颈而救父以生，向非孝念迫切，奋不顾身，以勇以力，岂能敌哉。

◇白话

晋朝时候，杨丰的女儿杨香年仅十四岁，一次杨香随父亲在田间割稻子，忽然，不知从何处跳出来一只老虎，一下子就把她父亲衔了去。当时杨香手无寸铁，心里只想着一定要救出父亲，而全然忘记了自己手无寸铁还是个力气尚小的女孩子。但因救父心切，只见她飞跃上前，一下子就扼住了老虎的颈项，老虎被突然袭击，震惊之下，丢了杨香的父亲就跑，这样杨丰便总算捡回了一条性命。那个地方的太守得知此事后，便奏请朝廷嘉奖了杨香的勇敢和孝心。

吕坤说：惟义能勇。平常胆小力弱莫如小女子，却能在关键时刻制服猛虎，救出生父，全是因为孝心迫切，奋不顾身啊！

（吕坤：字叔简，一字心吾或新吾，自号抱独居士。为人“刚介峭直”，官至刑部侍郎。在朝“守正不阿”，曾以“善恶在我，毁誉由人”之人品与个性称道于世。是明代一位进步的思想家，开启了明清之际救世启蒙思潮的先河。）

晋有杨香，虎曳其父。向前扼之，得脱于虎。

木兰从军

◇ 原文

隋，魏木兰，亳城东魏村人。恭帝时，突厥扰边，朝廷募兵，其父当从征。老病不能行，弟幼弱，木兰乔妆代父从军。历十二年，经十八战，人终不知为女子。后凯。恭帝嘉其功，除尚书郎，不受。归至家，释戎服，衣旧裳，赋戍边诗一篇以见志。后人多传诵之。

◇ 白话

隋朝时候有个奇女子名叫魏木兰。恭帝时，突厥人常常来攻打骚乱边疆，朝廷便大肆招募兵力去抵御。木兰的父亲照例应当被征去守边关的，可是他已年纪大了，又有病，哪能让老病的父亲再出征呢。木兰再看看弟弟，弟弟年纪还太小，身体也弱，又如何能替父从军？想来想去，木兰毅然决定自己代父当兵，于是她便脱了自己的女儿衣衫，而乔装打扮成了男子的模样，谁也认不出她是个女子了。就这样，她在边关征战了十二年，大规模的战争也参加了十几次，但仍旧没有人认得出她是个女子。后来战争结束，得胜归朝，因木兰有功，皇帝要嘉奖她，赐给她做尚书郎（尚书郎：“尚书”即掌管章奏文书的官，尚书各曹又设侍郎、郎中等职综理事务，称为“尚书郎”），而木兰却婉拒了。她回了家，在她那一点也没改变的闺房里，脱去军装，木兰仍穿回十二年前的衣裳，并做了一首戍边诗，讲了这一切的经过，这就是著名的《木兰诗》。后来有多少人都传诵这首诗并嘉赞她的故事呀！

隋魏木兰，从军代父。一十二年，归来如故。

崔唐乳姑

◇原 文

唐，崔山南曾祖母长孙夫人，年高无齿，祖母唐夫人每日栉洗，拜于阶下，升堂乳其姑，姑不粒食数年而康。一日疾病，长幼咸集，乃宣言无以报新妇恩，愿子孙妇如新妇孝敬，足矣。后博陵诸崔，历台阁藩镇者数十人，天下推为仕族之冠。

吕坤谓妇事姑，菽水时供，不失妇道，即以孝称矣。姑不能食，乃夺子乳以乳姑，非真心至爱，出于自然，何能思及此哉。是故有孝亲之心，不患无事亲之法。

◇白 话

唐朝时候，山西节度使崔琯的曾祖母长孙夫人，年岁已很大，嘴里牙齿全部掉光了，崔琯的祖母唐夫人，便每日梳洗完毕，又洗干净手，就来到堂前给婆婆长孙夫人请安，请安完毕，又给长孙夫人喂吃自己的奶。原来，长孙夫人没有牙齿早已不能吃饭，唐夫人便想出让婆婆吃自己的乳汁这一妙计。如此好几年，因了唐夫人的奶水，长孙夫人仍旧活得非常健康红润。一日长孙夫人终于病倒，家里老老小小都来到她的房里，长孙夫人便对大家说："我不知道自己还能活多久，所以叫你们都来听着，唐夫人对我实在是太有孝心了，我只恨自己没有东西来回报她。但愿你们子子孙孙的媳妇们，个个都要像唐夫人那样有孝心，我就满足了。"后来，这个地方姓崔的人，做官做到尚书州官的，都有好几十人，论起天下做官人家，崔家应是首屈一指的。人人都说这是上天给他们的福报呢。

吕坤说：妇女侍奉自己的婆婆，时时照顾好

她的四时饮食，这已可称得上有妇道有孝心了。但当婆婆吃不了东西时，却能想尽办法用自己的乳汁来喂养，若非出于真心至爱，出于自然本性，何能做得到此？因此，只要一个人真有孝亲之心，何患无事亲之法？

唐氏乳姑，姑不粒食。康强寿终，称妇贤德。

◇ **原 文**

唐，丐妇张李氏，有姿色，年三十余。扶瞽姑行丐。姑性躁而愎，动辄咒骂。有富翁乘间以百金为聘，妇正色曰：『我愿随姑饿死，誓不再嫁。』常有少年馈银及衣饰，欲诱之。妇斥骂，挥银物于地。姑病殁，妇竭力殓埋。遂削发为尼。至八十八岁，端坐念佛而逝。

乞丐，苦矣，以女子而乞丐，尤苦。以丐养姑，难矣，而丐养瞽姑，则尤难。瞽而躁且愎，动辄咒骂，诚至苦至难矣。以有色有才之妇，事且瞽且愎之姑，处至苦至难之境，卒能终养其姑，此最可钦可佩者也。

◇ **白 话**

唐朝时候，有个叫化婆张李氏，相貌很好，年纪在三十岁上下，丈夫早死，张李氏天天搀扶着她的瞎眼婆婆去讨饭。她的婆婆脾气很暴躁，而且是个自以为是的人，动不动就骂张李氏。纵然这样，张李氏却仍然很有耐心很细心地孝敬着自己的婆婆。那地方有个富翁，喜欢张李氏的好相貌，便鼓动张李氏何不离开自己的瞎眼婆婆跟他过算了，甚至拿出一百两银子要来聘她。没想到，张李氏对富翁义正辞严地说：“你不过一时贪恋我的姿色罢了，但我怎么能这样做人呢？我情愿跟着婆婆讨饭挨饿，也不会嫁给你的。”除了这个富翁，又常常有些青年男子拿着衣裳或银子来诱引张李氏，也都被张李氏骂跑了，还把那些青年送来的银子衣饰等一一扔到地上。就这样直到她的婆婆病死，张李氏竭力将婆婆安葬好，一直也没嫁人。婆婆安葬后，她就削发为尼了，一直活到八十八岁，死前口里念着阿弥陀佛气定神闲地仙逝。

一个女乞丐，养个瞎眼的婆婆，其实是难上加难的。又尤其是自己相貌姣好，遇到的诱惑如此之多，却能抵制住，并全心赡养婆婆终老，这就更叫人可钦可佩了。

唐张李氏，扶姑乞食。拒聘挥银，贞孝尽职。

◇ 原 文

唐，谢小娥，幼有志操，许聘段居贞。父与居贞为商，被盗申春申兰所杀。小娥饮恨密探，乔妆为男，托佣申家，乘群贼酣醉，兰卧庭前，春卧内室，小娥潜锁春于内，抽佩刀先断兰首，大呼捕贼，邻人擒春。诉之太守，得赃巨万，党羽悉就戮。小娥削发为尼，分文不取。

◇ 白 话

唐朝时候，有个叫谢小娥的女子，幼小年纪便很有志气。自小她就被许给段居贞做未婚妻，小娥的父亲和段居贞一同外出做生意，没想二人都被恶人申春和申兰谋财劫杀了。小娥一下子失去了父亲和未婚夫，可想而知，对那两个恶人会是何等的恨之入骨！悲恨之余，她偷偷地四处打探清恶人的住处，便乔装打扮成男子的模样，到了恶人家去，说自愿给他们当奴仆。一天，那几个专门谋财害命的恶人都喝醉了酒，其中恶人之一申兰醉倒在大门前，另一恶人申春烂醉在屋里，谢小娥觉得时机成熟，便一下子把申春锁在了屋里，又抽出一把刀，一把割下了申兰的头，同时大叫“捉强盗啊！抓罪犯啊！”，四邻听到她的叫声，又听她说了原委，便齐心协力把屋内的申春抓住并扭送到了衙门。官役果然在申家屋里搜出了赃款几万两银子，还抓住了同伙的另外几个打家劫舍专门谋人财命的强盗。官役要把搜出的赃款退还一些给谢小娥，可怜的小娥觉得亲人已去，就是有心要了银子却又如何？便一个银子也不要，反倒削发为尼去了。

谢氏小娥，诡服报仇。
托佣盗窟，有勇有谋。

顾张待雷

◇ **原 文**

宋，顾德谦妻张氏，事姑孝，梦神示以前生污秽字纸，应遭雷殛，因病死不及，今生当于明日击死。氏心疑之。翌晨，雷声果巨，氏知定数难回，恐惊其姑，乃出门跪桑下待死。忽闻空中有神曰：『此孝妇也，当延寿三十年。』霎时雨收云散，乃归。

◇ **白 话**

宋朝有个顾德谦，他的妻子张氏，平时很孝顺婆婆。一天晚上，张氏梦见神明对她讲，说她的前世曾做过一些污秽之事，应当被雷打死的，可后来她的前世生病死了，没有受到雷罚。但正如佛经上讲“雷击三世”，这个处罚便只好改在今世，而明日，就是天雷来惩处她的日子了。张氏醒来，又疑惑又惊惧。到了第二日早晨，天上果然才刚好好的，一刹那忽然就雷声滚滚起来，张氏始明白昨夜那梦果然是真的，这是前世注定的事，不可挽回的了。但是，自己将死心无怨言，而惊吓了屋里的婆婆岂能心安？这个极尽孝道的媳妇，便急忙跑到门外，跑得远远的，跑到一株大桑树下跪着等死。就在这时，忽又听半空中有神明的声音传来：“这真是个孝顺的媳妇！看她的孝心孝道，应当给她加寿三十年。”话音落，一刹那间，雨就停了，云也散了，张氏依然平安地回到家来。

顾妻张氏，当遭雷击。
一念孝心，神赦夙孽。

◇原 文

宋，詹氏女，芜湖人。幼从父受经，尝手钞《列女传》，夜必熟诵数回而寝。年十七，淮寇破芜湖，执其父兄，将杀之。女泣拜曰：『妾虽窭陋，愿相从，赎父兄命。』贼允之。女挥手谓父兄曰：『速行，无相念，我得侍将军，足矣。』随贼行数里，过市东桥，跃入水中死，贼众骇而去。

◇白 话

宋朝时候，詹家有个女儿，从小就熟读诗书，曾经亲手抄写了《列女传》一部，并每夜背诵几回才睡。到她十七岁时，安徽地界上的匪寇打到了芜湖，把她的父亲和哥哥都抓了，要杀死他们。危急时刻，詹家女子挺身而出，找到了匪寇们，跪在他们面前哭着说：“我虽然长在穷苦人家，相貌也丑陋，但我愿意跟你们去，只求你们放了我的父亲和哥哥。”匪寇们答应了。詹家女儿又急忙对父亲和哥哥挥手示意，说：“快走！别惦记我，我能够同将军们上路，也心满意足了。”于是，她跟着匪寇们上路了，行走了好几里路，经过市东桥时，众人还没反应过来，却见她已纵身一跃，跳入河里死了。匪寇们非常震惊，忍不住都感叹了一番。

宋詹氏女，计脱父兄。从贼数里，投水全贞。

妙真祝寿

◇ **原 文**

元，葛妙真，九岁，闻日者言，母年五十当死，妙真忧而祝天，愿持长斋，守贞不嫁，日诵大士经以延母寿。家中不进生物，以腌肉奉母。又以针黹所余，买物放生。劝亲邻少杀，勿溺女婴，见小儿捉弄禽鱼，必劝其父母戒之。邻里感化，救活生命无算。母年八十一而卒。

吕坤谓葛妙真笃母女之情，废夫妇之道，可谓卓绝之行，纯一之心矣。然惟以放生而延母之生，始克有济。盖天地之大德曰生，故大德者必得其寿，人定胜天，孰谓命禀于有生之初哉！

◇ **白 话**

元朝时候有个孝女叫葛妙真，九岁时候，听算命先生说，她母亲只能活到五十岁。妙真心里很难过，便祈求上天说，自己愿意长年吃素，也决心不出嫁，并天天念诵观音经，如此一片诚心，只望老天爷能赐给母亲更多的阳寿。从此，妙真果然这样做了，而且，家里从不杀生，活物是一概不拿进屋的，她自己也从不吃肉，给母亲吃的也都是腌的肉。她又勤劳地做针线活，用针线活件换来的钱，买下别人手里的活物放生。她还经常劝亲戚朋友邻居路人等，不要杀生，不要伤害小生命，更不能虐待小孩，尤其是小女婴。看到小孩子捉弄小动物甚至捕鱼捞虾，她都要找到小孩子的父母，让做父母的去教育自己的子女。久而久之，在她的带动下，乡邻都被感化了，每个人都变得善待生命、善待生活起来。而也许是上天果真赐予善报，妙真的母亲平平安安一直活到了八十一岁才安然去世。

吕坤赞颂葛妙真笃母女之情，纯然卓绝。只

因天地之大德曰生，故有大德者必得其寿，这就是为何天感其愿的原因了。

元葛妙真，持斋守贞。终身养母，戒杀长生。

◇ **原 文**

元，赵孝妇，应城人，早寡，为佣以奉姑。得美食，必持归，自啖粗粝。念姑老，一旦不讳，贫难得棺，乃鬻次子，买棺置于家。南邻失火，风烈。势将及，妇亟扶姑出避，而棺重不可移，大哭曰：『吾卖儿得棺，谁能为吾救之者。』言未讫，风遽反，家遂不焚。

◇ **白 话**

元朝时候，有个姓赵的孝顺媳妇，丈夫早亡，一个人拉扯着一个家庭，家里穷，她只好出外帮工，挣些钱来养活婆婆。在外凡得到些好吃的东西，她是一定自己不吃而带回来给婆婆吃的，平日里也尽把好东西让给婆婆而自己吃着粗米糙饭。眼看着婆婆年岁一天天大，一旦有一日去世，家里却穷得连一口棺木也买不起，怎么办呢？于是，赵姓媳妇便把自己的第二个儿子卖了，换回来一口棺木，放在家里。一天，南边邻居家失火了，火大风疾，眼看马上将烧到自家，赵媳妇急忙先扶婆婆逃出屋去，又返回来去挪那棺木，可棺木那么重，她哪里挪得动呢？赵媳妇便大哭着说：“可怜我卖儿换回的棺木，哪一位能帮我抬出来啊！”话还没说完，只见刮着的风转了个方向，赵家竟安全无恙了。

（编者按：古人讲求入土为安，买棺椁下葬是极其重要的事情，所以赵媳妇无奈中只得卖儿换钱。卖儿是犯法的，卖儿买棺在今天不可取。）

赵妇姑老，鬻子买棺。
临火大泣，孝感平安。

王周典衣

◇ 原文

明，王槐庭妻周氏，事姑尽孝。遇岁荒，纺绩无利，借贷无门，粮罄姑病，衣饰已典尽，周乃脱身上青衫，嘱夫典钱，延医购药，不顾己身冻饿。姑寻愈。后忽于菜园中锄地，得窖银巨万。子三，一登科，二入泮，寿九十五，无疾而终。

◇ 白话

明朝时候，王槐庭的妻子周氏，十分孝敬她的婆婆。有一年年成不好，田里颗粒无收，纺织呢也无钱可赚，想借贷点钱又没地方可借贷。米缸里的米粮已吃尽，婆婆又病得厉害，周氏一直拿自己的陪嫁嫁妆和首饰换钱，但此时嫁妆首饰也已典当完了。在这想无可想之际，没有法子了，周氏便一把脱下身上还算周全的衣衫，叮嘱丈夫拿去典当了，好换点钱来给婆婆请医买药。而她衣单肚饥，也顾不上了。过了些天，她婆婆的病好了。周氏在菜园里锄地，忽然就锄出了一坛银子，足足有几万两。从此周氏再不用典衣换钱了，家里富足起来。而周氏所生的三个儿子，一个做了翰林（翰林：通过科举考试选拔进翰林院作为国家储备人才），两个中了秀才，周氏自己也平安地活到了九十五岁，无疾而终。

明王周氏，姑病绝粮。典衣医治，天赐金藏。

◇原 文

明，童养媳兰姐，年十二，见其姑常与祖姑口角，辄骂老而不死为厌物。兰姐乃于夜静，泣跪姑前曰：『姑与祖姑口角，示人榜样，日后姑老，人亦视为厌物，奈何？人孰不老，修短有数，媳愿姑亦如祖姑之寿也。』姑感悟而孝。兰姐后生五子，两登科甲。

兰姐，一十二龄之童养媳耳，乃能深明大义，谏姑于夜静，不使人知，且垂涕泣而道之，使其姑竟能自反，顿改前行，可谓善谏矣。人能学兰姐之善谏，则天下无不可化之姑，而谓姑恶云乎哉。

◇白 话

明朝时候，有个童养媳叫兰姐的，才十二岁时，看到她的婆婆老是骂她婆婆的婆婆叫太婆的，骂太婆是老不死的讨厌东西。兰姐就在一天深夜里，避了旁人耳目，流着泪，跪在婆婆的面前，言辞恳切地说：“婆婆您和太婆相骂，是给晚辈做了一个坏榜样啊！假使将来婆婆年老时，也有人把婆婆您骂成老不死的讨厌东西，那么婆婆您心里会是什么滋味呢？人人都要年老的，寿长寿短也是天命，媳妇我但愿婆婆以后能像太婆那般长寿才好呀！”那当婆婆的，听了兰姐这一番话，羞愧难当，幡然醒悟，从此就变得孝敬太婆了。以后也许是上天嘉奖兰姐的孝道德行，她的两个儿子都中了进士。

一个十二岁的童养媳，乃能深明大义，深夜里情真意切地规劝婆婆，真是善谏，若天下人都能如兰姐善谏，则天下就再无像婆婆那样的恶言恶行了。

兰姐阿家，常骂祖姑。
童媳跪谏，好作规模。

陆女悟父

◇ **原文**

明，陆氏女，父常打鸟。弟三岁患痘，坚黑如弹子，号痛而死。时女年十六，跪父前泣曰：『父杀孽已多，致弟死。再不悛，恐绝嗣矣。』父悟，悉焚凶具，并戒杀放生惜字。女以父母无子，誓不出嫁以养亲。越九年，父梦祖抱婴儿来曰：『若非孙女感格，几绝我宗矣。』后果生一子。

◇ **白话**

明朝有个姓陆的女子，她的父亲常常用铁铳或弹弓打鸟，在他手里丧生的鸟禽已多得数不尽数。结果陆姑娘的弟弟在三岁时出水痘死了。那水痘出得很怪，满身都是，一颗颗墨黑墨黑的就像那枪弹子一样。十六岁的陆姑娘看着三岁的弟弟喊着疼痛满地打滚地死去，异常悲痛。她似乎明白了些什么，便走到父亲面前，跪地哭着说："父亲呀父亲！你时常射杀鸟，积下太多的孽，所以因果报在了弟弟的身上。倘使父亲你再不悔改，恐怕将来还会有更大的灾祸，也恐怕咱家再也不会有接续香火的男孩了！"陆姑娘的父亲听了女儿一番话，幡然醒悟，便把所有打鸟的器具都烧掉了，发誓要戒杀放生，还要敬畏神灵爱惜字纸，以此来赎从前的罪孽。而陆姑娘呢，看到爹娘无子，便也立愿不嫁人，而终身侍奉父母了。这样的过了九年，忽一日，陆父做梦，梦里他家的先人抱着一个健康活泼的男孩子出来，说："假使不是孙女儿陆姑娘的一番话，我家几乎就真的要绝断香火了呀！”陆父醒来，若有所悟。果然，没过多久，他们真就生了一个大胖儿子。

陆女谏父，勿打飞禽。改业得子，祖氏欢心。

◇ 原文

明，杨秀贞之母，生三女，无子，又生女，愤极，溺之。秀贞年十三，急抱起跪禀曰：『母望子而杀女，愈不得子。如虑赔嫁，则以嫁儿者嫁此妹，可也。』祖母骂其不知世事，秀贞又跪禀曰：『祖母朝朝念佛，今见死不救，念佛何用。』祖母亦感悟，遂留养。越二年，果生一子。

由一片肫诚，油然天性，故得以延杨氏之脉，孝之所感大矣哉。

◇ 白话

明朝时候，杨秀贞的母亲，一连生了三个女儿，没有儿子，到第四胎，生的又是一个女儿！秀贞母亲失望怨恨极了，就把新生的女儿扔进了水里，准备溺死。这时，年仅十三岁的杨秀贞，急忙从水中抱起小婴儿，跪在母亲面前说："母亲想生个儿子，竟要弄死女儿，那是越加不能够生得儿子了！如果母亲是怕多个女儿，多吃口粮多赔嫁妆，那么，我愿意把我的口粮匀给这个小妹妹吃，以后给我的嫁妆，也给这个小妹妹好了。"在一旁的祖母听了，却骂杨秀贞不懂事。秀贞便又跪在祖母面前，声泪俱下地劝说："祖母你天天念佛，现在却见死不救，那么念的佛又有什么用啊！"思来想去，秀贞的母亲和祖母都被秀贞的话觉悟感化了，于是留养了第四个女儿。过了两年，秀贞的母亲果然生了一个儿子。

由一片肫诚之心，油然天性，得以延续家中香火之脉，也是孝感通灵所致呀。

明杨秀贞，劝勿溺女。
救妹添弟，梦祖告语。

◇ **原 文**

明，吴子桂妻冯氏，家贫，勤力奉养。继姑张氏常辱詈，顺受无怨。邻妇相约劝其姑，冯止之曰：『姑之詈我，由我不能适姑意，若来劝，则彰姑之过，罪莫大焉。』子桂二弟，各娶妇，姑亦虐之，二媳欲自缢，冯委曲劝止，相率执妇道有加，姑渐悔悟。二媳感冯再生恩，事如母。

引咎自责，男子所难，何论女子。冯氏本身作则，化其二娣，并化及继姑，夫虞舜大孝，即是『怨慕』二字，孰意三千余年后，尚有冯氏其人，向使读书闻道，何难媲美古圣耶！

◇ **白 话**

明朝吴子桂的妻子冯氏，家里很穷，但她却勤恳奉养长辈。吴子桂的继母张氏，对待冯氏极不好，动辄挑刺打骂，十分恶劣。但冯氏却打不还手，骂不还口，极有妇孝。张氏的恶行连邻居都看不下去了，纷纷要来劝告张氏，冯氏却一一把她们劝阻回去，还说："我的婆婆之所以打骂我，那肯定是我还做得不够好不够合她意，若你们去劝说她，那就显得是她做得不好有不是之处，那我可就太不够孝而罪莫大焉！"吴子桂的两个弟媳也被这个恶婆婆打骂得受不了，纷纷起了上吊死了算的念头。冯氏又委婉苦心地规劝，打消了她们的念头。冯氏的孝行妇格，更使两个弟媳感叹惭愧，纷纷暗下决心要学冯氏的榜样，做个好媳妇好女人。

能主动引咎自责，连男子都颇难有此胸襟，何况女子！上古虞舜有大孝，是不以别人的过为过，反以为是己过，没想三千多年后，区区一平凡小女子亦有此大德行！

吴妇冯氏，继姑虐之。顺受化娣，姑悟而慈。

◇ **原　文**

明，吴子恬继母唐氏，爱己子而虐子恬。子恬不能耐，妻孙氏辄劝阻之。父没，唐私藏千金，析产为三，取膏腴田，留作膳养，分给己子，以荒田与子恬。子恬欲分金，孙又极力劝阻。不十年，弟以赌败业，并膳田卖尽。孙劝夫迎养继母，为弟戒赌，仍与合爨。弟悔而为善。

◇ **白　话**

明朝时候，有个叫吴子恬的人，他的继母唐氏很偏心，对自己亲生的儿子很溺爱，对子恬则常虐待。每每吴子恬忍无可忍之际，子恬妻孙氏便耐心地劝住了丈夫。子恬父亲去世后，唐氏又私自瞒藏下千两银子，然后把全部家产分成了三份，一份留给自己养老，一份留给自己的亲生儿子，而另一份，是一点点薄田荒地，就给了子恬。子恬其实知道唐氏私藏了千两银子，气愤地提出自己也要分一份，妻子孙氏又竭力劝阻了他。没过几年，本来就教养不好的子恬的弟弟，好赌成性，把他自己名下的产业全都输光了。连老母唐氏的产业产田也给他卖光了。唐氏及她溺爱的小儿子，一下子无家无业、衣食无着了。而此时，子恬夫妇却靠辛勤劳动持家有方，而变得衣食丰足。子恬妻孙氏这时却又一次地劝夫，说应该把无衣无食穷困潦倒的继母和弟弟接回家来供养，并为弟弟戒了赌。那继母和做弟弟的，终于悔过而重新做人了。

明吴孙氏，分析劝夫。让多取少，曲顺翁姑。

◇原　文

周，武王姓姬名发，文王昌之次子也。文王圣孝，武王帅而行之，不敢有加焉。文王有疾，武王不脱冠带而养，文王一饭，亦一饭，文王再饭，亦再饭。旬有二日。乃间后即位，伐商有天下，与弟周公旦继志述事。事死如事生，事亡如事存，孔子称之为达孝。

◇白　话

周武王是周文王的第二个儿子。文王是个大圣人、大孝子，每天侍奉他的父母是十分周到恭顺的。据说一日要给父母问三次安，看到父母气色好心里才踏实，而饭菜是一定要亲自视察温度合适了才端给父母吃的，所以人人都道是文王的孝德使得百世其昌。现在，文王的好榜样也作用到了自己的后代，儿子武王也成了个有好德行的人。譬如，文王生病时，武王便整天整天服侍在父亲身边，连衣帽也不敢脱下，文王只吃一碗饭，他也才吃一碗，文王添了一碗，他也才愿再添一碗，直到文王的病全好了，他才放心。后来文王死后，武王继承了父亲的职位，并且与弟弟一起，发扬了文王的志愿，为解除天下百姓的苦役而讨伐暴虐的纣王。他们对待死者如生者一样虔敬，而对待生者，又像对待亡者一般的有礼。能事亲父贤孝，亦能事天下百姓贤孝，难怪孔子说，这真是做到“达孝”了呀！

武王继志，不敢有加。
冠带养疾，达孝无涯。

◇原 文

周，郑颍考叔为颍谷封人，闻庄公初誓黄泉见母，后悔之，乃有献于公。公赐之食，食舍肉，公问之，对曰：『小人有母，皆尝小人之食矣，未尝君之羹，请以遗之。』公曰：『尔有母遗，繄我独无。』颍考叔曰：『君无患焉。若阙地及泉，隧而相见，其谁曰不然？』公从之，遂为母子如初。

王应照谓惟天下孝子，为能老吾老以及人之老。庄公固有悔心矣，考叔闻而有献，盖逆知公之必赐食，食而舍肉必问，问而后可以一言悟之，遂为母子如初，考叔可谓移孝作忠矣。

◇白 话

周朝时候，郑国有个颍考叔，是个守边的小官。起初他听人说，郑庄公为弟弟的事和母亲闹翻了。庄公曾立下誓言说，此生不见母亲除非到了黄泉地下，才会和母亲相见。可是后来郑庄公又后悔了，十分郁闷当初的誓言。考叔知道这事以后，心生一计，便假借要进献物品给庄公，到了庄公那儿，庄公留他吃饭，赐给他烤肉吃，考叔故意留着肉不吃。庄公奇怪地问他为何不吃。考叔答："大王，小人有母亲，母亲常能吃到我给她的肉，却从未吃过大王您赐予的肉呢，我想拿回家去给母亲吃。"郑庄公听了，心下恻然，又想起了自己和母亲"非黄泉地下不相见"的事，便叹口气说："你有母亲可以送给她东西吃，可惜我是想送也送不了。"考叔一听，立即说："大王，你莫担忧，你不是立誓非黄泉不见吗？那你在地下挖个地道，在那里和母亲相见不就是了吗？又哪一个人能说你违背了自己的誓言呢？"郑庄公真没想到这一招，果然听从了考叔的计策，叫人挖了条地道，他们母子果然在“黄泉地下”相见了，并和好如初。

在这里，考叔、庄公都是贤孝之人。尤其考叔，能“老吾老以及人之老”，为自己君主排忧解难。这孝同时又可称作忠了呢。

考叔舍肉，讽悟庄公。隧泉见母，其乐融融。

◇原 文

汉，韩伯俞，梁人，性至孝。母教素严，每有小过，辄杖之，伯俞跪受无怨。一日，复杖，伯俞大泣。母讶问曰：『往者杖汝，常悦受之，未尝或泣，今日杖汝，何独泣乎？』伯俞曰：『往者儿得罪，笞尝痛，知母康健。今母之力，不能使痛，知母力已衰，恐来日无多，是以悲泣耳。』

李文耕曰：人子之身，父母所育之使日强者也。父母之力，人子所累之使日弱者也。况驹隙之景频，风烛之晷易殒，天伦聚乐，有能至百年外者乎？韩公母力不能使痛一言，真伤心语，不堪读也。

◇白 话

汉朝时候，有个叫伯俞的人，非常孝顺。他母亲家教很严，韩伯俞每每有点小过失，母亲都会用拐杖打他。而伯俞总是跪着甘心无怨地受杖，从无不悦之色。一日，母亲又拿拐杖打他，伯俞却大哭起来。母亲惊异地问："以前打你，你都心悦诚服，甚至还像享受母亲的责打似的，今日，却为何大哭了呢？"伯俞流着泪道："母亲您有所不知，以前儿子有了过失，母亲打我，我是觉得很痛的，我也从而晓得母亲还身强体壮，身体健康，而今日，母亲打我的力气却小得使我感觉不到痛了，我也从而知晓母亲终于年老力衰了，我们母子能在一起的时日，恐怕也就日渐一日地少了，所以忍不住悲从中来了呀！"

李文耕说：人子之身，是做父母的日复一日辛苦养育从而使其日益强壮长大的，而父母之力，却也在儿女这日复一日的强大之中而一点一点地损耗终至微弱干涸了。一转眼，白驹过隙时间催迫，做父母的残年也就尽了。所以说，能与父母同享百年欢聚的，少之又少呀！一日能与父母同在，就该一日感到庆幸。韩伯俞的一席话，真是让人伤心欲绝，不堪卒读呵！

伯俞母杖，常悦受之。不痛大泣，知母力衰。

◇原 文

汉，赵咨仕至敦煌太守，以病免，还。躬率子孙，耕农为养。盗尝夜劫之，咨恐母惊，乃先至门迎请，设食，曰：『老母年八十，疾病，须养，乞少置衣粮，妻子物余，一无所请。』盗皆惭叹，跪而辞曰：『所犯无状，干暴贤者。』言毕奔去。咨追以物与之，不及。由是益知名。后拜东海相。

能感化盗贼，甚至叩首愧悔，虽与之而不取，此中感应，非大有不可思议者乎。盖人同此心，心同此理，能尽己之性，即能尽人之性，能尽人性，自能转恶为善矣。治蜀，至晋则竟尚旷达，倮身相对，子呼父，蔑视礼法，遂召五胡之乱矣。

◇白 话

汉朝时候有个人叫赵咨，官做到敦煌的太守（太守：又叫刺史，原为巡察官名，东汉以后成为州郡最高军政长官），后来因为有病，就辞官还乡了。回家来，他亲自带领子孙们耕田种地，奉养母亲。一夜，一伙盗贼到他家来打劫，赵咨惟恐母亲受了惊吓，于是自己先主动到了门口，去迎接这伙强盗。又叫家人做了一桌好菜饭给强盗吃。席间，赵咨对他们作着揖说：“各位！我有个年老的母亲，已八十多岁了，又生着疾病，请求你们一会儿拿东西时，只留下一点点口粮和衣服，够我供养母亲就好了，至于我们其他人的物件，则不敢要求你们留下，请看在我无力养母的分上，答应我的请求。”强盗们听了赵咨这番话，心里都感服赵咨的孝心和心宽气朗的高节，竟生发了惭愧之心，后来竟齐齐跪下了，辞谢赵咨说：“我们太不像话了！竟然冒犯了府上，侵扰了像大人您这样的贤人君子！”说完，便飞也似的跑走了。赵咨赶忙追上去，想把一些钱物送给盗贼们，但已追不上了。

人同此心，心同此理，动心动情，感己感人，以心交心，以情换情，则天下万恶也有可能转为善的。

赵咨迎盗，惟恐母惊。
群贼惭叹，不敢横行。

李密陈情

◇ 原 文

晋，李密父早亡，母更适人，鞠于祖母刘氏。武帝征为太子洗马，诏书屡下，密上表曰：『臣无祖母，无以至今日。祖母无臣，无以终余年。臣今年四十四，祖母今年九十六，是臣尽节于陛下之日长，报祖母之日短也。』帝嘉其诚，赐奴婢二人，并使郡县供其祖母常膳。

王应照谓见养祖，恩德尤深。今也龙钟老病，可报万一者，正在此时，若不顾祖母之养，而贪爵位之荣，虽勋高竹帛，终是天下罪人。

◇ 白 话

晋朝时候，李密的父亲早逝，母亲改嫁了人。孤儿李密是祖母刘氏含辛茹苦抚养大的。李密因为人忠厚性格又好还有才干，而给武帝相中，想招他做太子洗马（太子洗马：太子的侍从或伴读）。诏书下了好几回，李密始终没去。武帝都快动怒了，不得法，李密只好上了一封奏表给武帝。奏表中说：“小人我假若当初没有祖母，就不能活到今天，而祖母现在没有我，也不能度过余年。儿臣我今年四十四岁了，祖母今年却九十六岁了，照这样看来，我能替皇上尽力的日子还多得很，而能报答祖母恩情的日子，却是少之又少了呀！”武帝看了这封表章，才明白过来，十分称赞李密的诚实，又感动于他的孝心，便给他分配了两个奴婢，还发下传令到县府上，叫地方官要定期供给李密祖孙二人的赡养费。

王应照说：见养祖母，恩德尤深。能报恩者，也就只有此时。若一个人不顾养奉祖母，只贪官爵虚荣，则即使位高官显，也是天下之罪人。

李密上表，乌鸟私情。
愿乞终养，帝嘉其诚。

赵志闻声

◇ 原 文

晋，赵志早起读书，闻父叱犊声，废书而泣。师问之，答曰：『顷闻叱犊而过者，吾父也。自恨年少，不能即致贵显，使老父不免穷苦，是以悲耳。』师叹曰：『此念孝思，小子当有造也。』由是用心教之，免其修金。及长，郡县辟举，出仕东辽，有政声。

◇ 白 话

晋朝时候，有个小孩子名叫赵志。每日早早起来到私塾里读书。一日，赵志正在读书间，忽然听到外面有人赶牛劳作的声音，立时就停止了读书，捧着课本掩面哭泣起来。教书的老师很奇怪，问他为何哭。赵志只好回答：“老师，刚才听到赶牛劳作的声音，那个人就是我的父亲呀！我只恨自己还年少，不能即刻富贵有为，好让老父免以穷苦劳累！所以一时间哪还能读得进书去，心里真是悲伤啊！”那老师听了，真是感动，摸着赵志的头，叹了声说：“你真是个有孝心的孩子！这种想法真叫人动容。你小子好好读书吧，你会是个可造之材的！”于是，从此后老师果然更用心教他，还免了他的学费。赵志也果然不负老师和自己，越发勤学长进，长大后，府县衙门一同举荐了他做官，后来他又做了辽东地方的大官，名声很显赫。

赵志年少，莫报劬劳。
闻父叱犊，涕泪滔滔。

范乔哭砚

◇ **原 文**

晋，范乔二岁时，其祖馨临终，抚之曰：『所恨者，不得见汝成人耳。』因以所用之砚与之。至五岁，祖母以告乔，乔捧砚涕泣不已。父粲得狂疾，乔与弟屏弃一切，专心侍奉，足不出乡，累征不赴。腊夕，人盗砍其树，乔佯不闻，其人愧而归之，乔曰：『取薪以供亲暖，何愧为。』

以五岁之童儿，而告以祖父弥留一语，謦欬如闻，一砚手泽之存，涕泣不已，洵可谓永思克孝矣。无怪乎侍奉父疾，始终弗离，且推及其孝于盗薪者。

◇ **白 话**

晋朝时候，有个人叫范乔。当他两岁的时候，祖父死了，祖父临死前抚摩着孙儿范乔说："我只遗憾不能亲眼看着你长大成人，今日把我用过的砚池送给你，希望你见物如见人，牢记祖父希望你成为有德行之人的教诲。"范乔长到五岁时，祖母就把这番情形告诉了已懂事的范乔。范乔听了，捧着那个砚池就哭了，仿佛这砚池上还有祖父的手温和慈祥的笑容。古人讲"永思克孝"，也就是这番情形了。不幸的是，范乔的父亲得了神经病，经常发狂，范乔永远记得祖父的教诲，便推辞了一切事情，和弟弟一起专心服侍起自己的父亲来。朝廷好几次诏他去做官，范乔都辞谢了。一年除夕，有个人趁着万家团圆时候偷偷潜到范乔家的树林里来砍树，没想那时范乔刚好在自家林子里，但他竟假装没看见。那个偷树的人终究觉得惭愧，于是把已劈成柴段的木材又送了回来。范乔却反而一定要人家拿回去，他说："我知道你砍了树是想劈成柴好给家里爹娘烧火取暖。能够让爹娘老人温暖高兴，这有什么好惭愧的呢。”

一个五岁的孩童，就能够水思克孝，便无怪乎做得到侍奉父疾，始终弗离了，且推及其孝于盗木者。

范乔五岁，捧砚悲酸。以薪遗盗，何愧承欢。

◇ **原 文**

南宋，解叔谦，字楚梁。母有疾，叔谦夜祷，闻空中语云：『此病得丁公藤为酒，便瘥。』访医，无识者。求访至宜都，见一老人伐木，问之，曰：『此丁公藤，疗风尤验。』叔谦拜伏流涕，具言来意，老人取四段与之，并示以渍酒法，叔谦拜受，顾视其人，不复知处。依法为酒，母病即瘥。

◇ **白 话**

南宋时候，有个人名叫叔谦，他母亲得了一种病，用遍方子也不见好。叔谦是个孝子，便夜夜为母亲祷告，希望有办法解除母亲的痛苦。一日，忽然听见空中有个声音说："你母亲这个病，须得丁公藤泡酒喝才见效。"叔谦虽有疑惑，但为母亲着想，便照办了，但四处问医，都说不知丁公藤为何物，但叔谦仍不灰心，一直问询，竟风餐露宿，一直问到了宜都地方。在宜都一处偏僻的地方，忽然就看见一个白发老人在砍树，叔谦问他知不知道丁公藤。那老人答道："我砍的就是丁公藤啊！治疗风湿痛很灵验的。"叔谦倒头便拜，激动得哭了，边哭边说明自己的来意。老人便砍下四段丁公藤给了叔谦，并教他如何泡酒。叔谦又拜谢，拜谢完毕甫一抬头，那白发老人却眨眼间就不见了。回到家来的叔谦，如法泡了丁公藤酒给母亲喝，没喝几次，母亲的病就彻底好了。

叔谦祷病，神语依凭。
到处求访，得丁公藤。

◇ **原文**

梁，庾沙弥，孝子道愍之族孙也。父佩玉，坐事诛，沙弥年五岁，母为制采衣，不肯服。问其故，流涕曰：『家门祸酷，用是何为。』遂终身布衣。嫡母殁，昼夜号恸，所坐荐，泪沾为烂。母好啖甘蔗，沙弥不食蔗。生母殁，奉丧济浙江，中流遇风，舫将覆，沙弥抱柩号哭，俄而风静。

考沙弥之族祖道愍，襁褓失母，长而冒险至交州寻母，经年悲泣，偶入村，日暮雨骤，寄止一家，有妪负薪外还，愍忽心动，访之，即为其母。风也雨也，皆诚孝格天耳。

◇ **白话**

梁朝时候有个孩子名叫庾沙弥，就是当时有名的孝子庾道愍的同族侄孙。沙弥的父亲是犯了事死的，这一年沙弥才五岁。沙弥的母亲给沙弥做了一件色彩鲜艳的衣服。沙弥却坚决不肯穿。母亲问是什么原因，沙弥双眼流下泪来，悲伤地说："咱们家遭了这么大的灾祸，我怎么还能穿这种衣服呢。"这个早懂事的孩子，从此便发誓永远不穿彩色喜庆的衣服了。果然，沙弥终生都只穿布衣，以表其失父的悲痛。他的嫡母死了（嫡母：宗法制度下，妾所生的子女称父亲的正妻为嫡母），沙弥日夜流泪，所坐的草蒲团，都因滴下来的眼泪浸泗而很快烂掉了。沙弥的生母喜欢吃甘蔗，沙弥便终生不吃甘蔗。后来生母去世，他扶着生母的灵柩过江，到一半江面时，忽然刮起大风，沙弥急得不得了，抱着母亲的灵柩就哭喊，说也奇，这风浪立即便止息了。

其实沙弥的家族还出过不少贤孝之人的。沙弥的祖父道愍，听说也是刚生下来就失母了，长大后，道愍冒着千难万险到交州地方去寻母，长年悲伤。一日到一村庄，遇大雨，暂时寄宿在一户人家里，看到一个老妇人背着柴回家来，道愍忽然心里一动，上前问询，果然就是自己还在襁褓中就走散了的母亲。唉，风也雨也，天下的孝子之心，真令人动情，所谓“孝格感天”就是了！

沙弥五岁，不服采衣。奉柩渡浙，止风安归。

◇ **原文**

梁，阮孝绪应得伯遗财百万，尽以归伯之姊。性至孝，尝于钟山听讲，母王氏忽有疾，兄弟欲召之，母曰：『孝绪至性冥通，必当自至。』孝绪果心惊而返，邻里异之。惟合药须得生人参，旧传钟山所出，孝绪躬历幽险，累日，忽见一鹿前行，孝绪随之，鹿灭得参，母遂愈。

◇ **白　话**

梁朝的阮孝绪，从小就过继给了没有孩子的伯父做儿子。照理，他可以尽数得到伯父遗留下的百万财产，可是阮孝绪却一分都不要，全部给了伯父的姐姐。阮孝绪生性非常孝道，一日他在钟山这个地方，无意中听到人讲，说他的生母王氏生病了，孝绪的兄弟们围着母亲，都说要去叫孝绪回家来，然而母亲却阻止了这几个孩子，说：“孝绪这个孩子不但有孝心，其心性至灵是可通神的，他一定会有所感应而自己回家来，根本不用去叫他。” 正在钟山的阮孝绪，果然觉得自己心惊肉跳，他赶忙从钟山出发，回家去。到了他母亲家，邻居们都觉得太神奇太不可思议了。然而，更不可思议的事在后头。孝绪母亲吃的药材里面，必须要有一味鲜人参才有效，而老辈人都讲，钟山是出产人参的地方。这孝绪便亲自上路找人参去了。他踏遍悬崖峭壁，好几天工夫，也未见有人参的影子，正在一筹莫展间，忽然不知从何处跳出来一只小鹿，一蹦一跳地在他面前走。孝绪也跟了鹿走，没走多远，眨眼间那头鹿就不见了，而在孝绪面前，正有一株大大的人参迎风摇摆呢！孝绪母亲吃了用这棵人参熬的药以后，病果然很快就好了。

孝绪至性，母病心惊。求觅参草，神鹿前行。

朱泰虎残

◇ **原文**

宋，朱泰事母至孝。家贫，鬻薪养母，常适数十里外，易甘脂以奉亲。一日，鸡初鸣，入山。及明，憩于山足，遇虎搏攫，负之而去。泰已瞑眩，行百余步，忽稍醒，厉声曰：『虎为暴食我，所恨我母无托耳。』虎忽弃泰于地，走不顾，如人疾驱状。泰匍匐而归，乡里称之，目为朱虎残。

孝者，天地之正气，有此正气，神且敬之，而况虎乎。参观实夫拜虎、杨香扼虎，愈出愈奇矣。

◇ **白 话**

宋朝时候，有个人叫朱泰，服侍母亲非常孝顺。他家很穷，他就日日砍柴卖钱来供养母亲，而且经常要走几十里路远的地方去卖柴，再买回食物来养母。一天，朱泰鸡叫第一遍的时候就上山打柴了，天稍亮，他停下来休息，正在这时，忽然来了一只老虎，一下子擒住了朱泰的前腿，拖着就走。朱泰吓得神志模糊了，任老虎衔着走了一百多里路，才慢慢地苏醒过来，一醒过来，他就尽了最大力气大声地对老虎说：“老虎！你作恶竟要吃我！我并不怕你吃我，可恨的只是我母亲今后没人可以依靠了！”说也奇怪，朱泰讲完这句话，那老虎竟停住了，然后轻轻丢下朱泰，便头也不回地走了。朱泰忍着痛爬着回到家，乡邻都异常惊异，并把他称作“朱虎残”。

孝者自然会有一种天地间的正气围绕周身，这股正气，就是神明也会肃敬，何况老虎也。孝道故事里有不少这类连虎类也低头俯首的故事，如实夫拜虎、杨香扼虎等等，真是让人惊异感动呀。

朱泰养母，虎不敢餐。
乡闾称孝，目为虎残。

◇ 白　话

宋朝时候有个人名叫徐积，三岁时候就死了父亲，母亲教他读《孝经》，才几岁的徐积，一面读着书，一面想起了父亲，竟泪流满面。徐积服侍母亲是非常孝顺的，凡事皆亲力亲为，从不要别人代替。就是到京城去赶考，他也要把母亲载了同去，并每日照常早晚请安、嘘寒问暖。等到徐积二十多岁时，他中了进士，也还没娶亲，别人都要替他着急了，他却说：“要是娶回个妻子不贤孝，反而会让老母亲生气的，把母亲气病了可怎么办呢？”因为父亲名字里有个“石”字，徐积便从来不使用石头做的器具。在路上走，遇到石子铺的路，他也避开了不踏。有人对他说：“你大可不必如此避讳的，连走路都避讳，是很难做到的呀。”徐积却回答说：“我并非有意避讳，只是我一遇着石子路，就会凄然地想起自己的父亲来，所以哪里还忍心在上面踩踏？”他的孝道因此一传十，十传百，到了元丰年间，传到了皇帝那里，皇帝特别赐了他绢料和

◇ 原　文

宋，徐积三岁丧父，母教读《孝经》，辄流涕。事母力役皆身为之。应举，载母入都，不废定省。既冠登第，尚未娶。人问之，曰：『娶非其人，恐为母病。』以父名石，不用石器，遇石则避而不践，或言其难，曰：『吾遇之，怵然伤吾心，思吾亲，不忍加足其上，岂故避之。』元丰中，诏赐绢米。积初从胡瑗学，后廷荐其孝廉，为楚州教授。母亡，庐墓三年，雪夜伏墓侧，哭不绝声，时甘露降，木成连理。李文耕谓因父之名，并避其物，真一举足而不敢忘父母者，笃行如此，不愧谥为节孝矣。

米粮，来表彰他的孝行。

听说，徐积母亲死后，他竟在母亲墓前守孝三年，寒冬雪夜也伏在墓侧，哭得伤心欲绝，天空中竟降下了甘露，而旁边的树木竟发芽长叶，郁郁葱葱。李文耕说，因父之名，而避其物，真是一举一动都未忘父母呀！

徐积庐墓，哭不绝声。以父名石，避路而行。

◇ 原文

元，史彦斌有孝行。至正十四年，河溢，彦斌母柩，为水所漂。彦斌缚草为人，置水中，仰天呼曰：『母棺被水，不知其处，愿天矜怜哀子之心，假此刍灵，指示母棺。』言讫，涕泗横流，乃乘舟，随草人所之。经十余日，行三百余里，草人止桑林中。视之，母棺在焉。载归葬之。

◇ 白话

元朝时候，有个叫史彦斌的人，很有孝行。一年，黄河河水泛滥，殃及大片田地，史彦斌家也被淹了，彦斌母亲的墓地竟都被水冲了，灵柩也随水漂浮，不知漂到了哪里。彦斌痛感母亲死后“居无定所”，决心要把灵柩找回。于是他扎了个草人，放到水里，仰天祷告说：“母亲的棺木被水漂走，不知漂到何处，愿老天爷可怜我人子之心，借这个草人，揭示我母亲灵柩所在之地。”话说完，彦斌泪流满面。然后，他便驾着小船，跟随着草人漂荡，这样漂流了十多天，漂荡了三百多里路程，那个草人终于在一片桑林里停住了。彦斌就在这片桑林里找寻，果然便看到了母亲的灵柩，用船载回来重新好好安葬之后，他的心才安妥。

彦斌母殁，水漂失棺。
刍灵指示，力竭心殚。

吴璋思亲

◇原文

明，吴璋少孤，母陆氏奉例选入宫，后随亲王分封韶州。璋弃家寻母，艰苦备尝，舟中礼拜，泣声凄怆。中途患痢，昼夜百起，昏愦中犹呼娘不止。奔驰沙碛，两足俱肿，野寺外庑，呻吟终夜，黑蛇啮足，为母忘躯，实非常人所能及。及具启求见，不得，乃赁王府侧一室，大书『思亲』二字，旁一联云：『万里寻亲，历百艰而无悔；一朝见母，誓九死以何辞。』后得见母，母已病危，乃刲股作糜以进，母渐苏。王赐金帛，命扶母还。

◇白话

明朝时候，有个孤儿叫吴璋，父亲早早去世，而母亲陆氏在他还没长大时，就被选进宫里去了，后来又随亲王分封到了韶州地方。吴璋思念母亲，决心离家寻母去。一路上，他果然尝尽艰难困苦，曾经在舟船上逢人就打听，哭声凄凉；曾经途中患了痢疾，一夜起来上百次，昏迷中还在呼喊着母亲的名字；曾经赤足走过大片大片的砂石路，使两只脚都肿得像血馒头一样；还曾经露宿在寺院野外，无衣无被，冻得彻夜呻吟，而露宿被蛇虫咬啮之事更是屡次发生。但这一切，因为寻母心切，吴璋都能忍常人所难忍，而一一克服战胜了。终于，他寻到了韶州亲王府前。然而，他一个衣衫褴褛的小人物，亲王府怎会理会接见？于是，遭到驱逐的吴璋，就在王府旁边租了一间小房子住下来，他又在房前写了大大的二个字：“思亲”，又挂了一副醒目的对联：“万里寻亲，历百艰而无悔；一朝见母，誓九死以何辞。”这事终于打动了王府里的人，亲王终于准许让他和母亲见了面。而此时，他的母亲已生了很严重的病，吴璋就学古人的样子，“割股疗母”，割下自己的肉做了粥给母亲吃，母亲渐渐地才苏醒、好转起来。吴璋这样的孝心，使亲王也不得不感动，赐了他一些金银和布匹，让吴璋扶了老母回家乡安度晚年去了。

吴璋失母，万里寻亲。母病危笃，割股忘身。

杨黼活佛

◇ 白 话

明朝时候，有个叫杨黼（黼，音fǔ）的人，十分敬慕四川地方一个叫无际大师的人的道行，便起程去拜访他。走到半路，遇到一个老僧，老僧很奇怪地叫出了他的名字，又说："无际大师就是我的师傅，师傅叫我来传话给你，说你不必去见他了，让你不如去见另一个活佛。"杨黼问："这个活佛在哪里？"老僧道："你转回身，一直往东走，若见到一个披散着衣襟鞋子也倒穿了的人，那就是活佛了。"杨黼便回转身往来路走，走到半夜，才发现又转回了家中，他怀疑半路遇上的老僧不过是在戏弄他呢，不由得很沮丧，但也只好伸手去敲自家的门。屋里正睡着的母亲一听到是杨黼的声音，高兴得一骨碌爬起来就去开门，衣领也敞着来不及扣好，鞋子也倒穿了就走出来。杨黼一见母亲的模样，顿时大悟，原来，活佛就是自己的母亲呀！从此，他自是尽力孝敬母亲，并因校注了一部《孝经》而闻名。

寒夜远归的旅人，叩他人门不应，惟有自己

◇ 原 文

明，杨黼慕蜀中无际大师，往访之。途遇老僧呼黼姓名，曰：『无际大师是我之师，命我迎汝传语，见无际不如见活佛。』黼曰：『活佛安在？』僧曰：『但东归，见披衿倒屣者是矣。』黼遂回。夜半扣门，母闻声喜甚，遂披衿倒屣而出。黼大悟，自是竭力孝亲。并注《孝经》数万言。

人当寒夜远归，扣他人门且不应，惟母闻其子扣门则喜，衣不及扣，履不及穿，慌忙启关，此等慈悲心，何异活佛。然家家有活佛，舍近求远，何哉？

的母亲，听到儿女回来才会喜不自禁，往往衣不及扣，履不及穿，此等慈悲心，何异活佛！然而人们往往忽略家家都有一个活佛在，却舍近求远，去拜天边的什么活佛，这真是值得人们深思呀！

杨黼修心，无际良箴。母即活佛，倒屣披衿。

◇原　文

周，河津吏女娟，晋人。赵鞅伐楚，与河津吏期，吏醉失期，鞅怒，欲杀之。娟持楫进曰：『妾父闻主君来渡不测之水，恐水神骇动，风波震荡，谨具牲醴，祷祀于神，期主君御禧受福，不胜杯酌馀沥，醉至于此。今主君因其醉而杀之，妾恐父身不知痛，而心不知罪也。愿俟其醒。』鞅善其言，遂赦吏。娟复代父操楫而渡鞅焉。

女娟救父，操楫代渡，救父有辞，处身以礼，贤矣哉。

◇白　话

周朝时候，有一名河渡口官吏，他的女儿名叫娟，一年，赵鞅讨伐楚国，预先告知河渡口官吏他的部队哪一天要过河，让他早作准备。没承想到了那天，河渡口官吏却喝醉酒了，耽误了赵鞅起船的时间，赵鞅大怒，就要将这个官吏斩处。这时渡口官吏的女儿娟，心生一计，赶忙跪倒在赵鞅面前，说："请大人息怒，听小女子细道原委！小人的父亲听说大人要渡河，因这河水深不可测，只怕大人有个万一，怕风浪惊扰了您们，于是，早早就备了三牲美酒，祭祀河神，为大人祷告祈福。不想家父不胜酒力，饮了一点谢神散福的酒就醉了，今日大人若是在醉中杀了家父，家父就是死了也还是不知自己的过错，不如等他酒醒了叫他痛思过再杀也不迟。"赵鞅听了娟的话，好像也有道理，于是暂不杀河渡口官吏了。再过些时，想想娟言辞恳切周到有礼的进言，怒气已消，也就赦了她父亲的罪。而娟，早已替她父亲安排好船只，只等赵鞅他们的部队上船过河了。

娟姑娘有胆有识，聪明有孝，真是不简单呀。

女娟父醉，渡津误期。操楫救父，通达有辞。

◇ **原文**

南齐，屠氏女，父失明，母痼疾，乡里不容。女移父母远住，昼樵采，夜纺绩，以供养。父母卒，亲营殡，负土成坟。忽闻空中有声云：『汝至性可重，山神当效驱使，汝可为人治病，必得大富。』女谓是妖魔，不敢从，遂得病。积时，邻人有中溪蜮毒者，女试治之，病便瘥，遂为人治疾，无不愈。家产日益，乡里多欲娶之，誓守坟墓不嫁。

◇ **白话**

南齐时候，有个姓屠的女孩，她的父亲双眼瞎了，母亲长年有病，这样穷困潦倒的一家，自然受到了势利乡邻的鄙视。为让父母心情好受些，屠女姑娘便将全家迁移到了更远些的地方，而自己则白天打柴晚上纺织，尽最大能力好好地供养着残疾的双亲。后来父母都死了，她无力请人帮忙下葬，便自己亲自掘泥土挖坟墓葬了父母，那高高的坟头，都是她柔弱的双肩一担土一担泥挑来堆成的。在她堆坟头的时候，忽然就听到半空中有个声音对她说："你真是个有孝行的姑娘！山神愿意给你一点帮助，你从今以后可以为人治病了，你会有大富贵的。"屠女只以为这声音是妖魔，根本不敢真给人看病，她自己也反而病倒了。过了些时，她的邻居有个人中了溪河里一种小虫子的毒，屠女决定试一试替他看病开药。果然，那人服了她的药，很快毒就散尽病也好了。于是，她的声名便被传开，她也真开始为人治病抓药了。让她看过病的，没有不治愈的。

这样，屠女名声一日比一日响亮，她的生活也日渐富足起来。而这时，那些当初鄙夷他们家的人，也反倒都争相着来提亲了。屠女却看淡世相人情，立志不嫁，只一心一意为父母守坟尽孝去了。

屠女葬亲，孝感山神。治病皆愈，守墓终身。

◇ **原 文**

唐，卫氏女名无忌，绛州夏县人。父为乡人卫长则所杀，时无忌年甫六岁，又无兄弟，其母乃改嫁焉。及无忌长，志报父仇。会从父宴客，长则适在座间，无忌乃抵死以甓杀之。自诣吏称父冤已报，请就刑辟。巡察使褚遂良以其事上闻，太宗矜之，诏免其罪，给驿徙雍州，赐田宅，州县为择婿嫁焉。

◇ **白 话**

唐朝时候，卫家有个女孩名叫无忌。无忌六岁那一年，她的父亲被乡里人卫长则谋害死了，无忌既无兄也无弟，父亲一死，母亲就改嫁了，好好一个家转眼间便荡然无存，无忌便立誓要找到仇家以报血仇。等到无忌稍稍年长，机会终于来临。一天，无忌跟着堂伯父在别人家里做客，没想当年那个谋害父亲的卫长则刚好也在座上，无忌的怨恨从心间涌起，她猛地举起一块大砖，拼尽全力向仇人拍过去，一下一下，直到把仇人杀死。她向众人说：“我的杀父之仇已报，也甘愿去见官偿命了。”于是大义凛然地去自首。当时，一个叫褚遂良的人正做当地的巡察使（巡察使：巡行地方的大官，多派五品以上的官员充任，负责考察官吏，巡视灾区），他觉得无忌的罪行情有可原，便上报朝廷申请赦免。皇帝可怜民间这个勇敢的小女子，非但免了她的罪，还差人用马送她到了雍州城，给了她田产房屋，州县官还给她物色了一户好人家，美美满满地结了婚。

卫女无忌，为父报仇。
杀之以甓，诏徙雍州。

郑杨求杏

◇ **原 文**

唐，郑邯妻杨氏，姑病，人言杏实可愈。杨谓邯曰：『非时之物安可得，须访求。子其佣耕侍疾，吾当遍访之。』乃易男服，至邻郡，忽于道旁莽秽中，得一杏实。洁涤取归，奉姑食之，疾渐瘳。一日，檐前风雷不断，杨以为秽杏给姑之故，乃泣别其姑，伸臂立庭以待击。忽觉臂重，及霁，视之，有二金龙，长数尺，环两臂。自是家日丰。

郑杨氏孝其姑，自待雷击，而忽得二金龙，孝不特可以辟雷，更有不可思议之感应。秽中杏实，亦天赐之耳，否则不时之物，必已自腐，况在道旁秽中乎。

◇ **白 话**

唐朝有个叫郑邯的人，他的妻子杨氏，是个贤德的好女人。杨氏的婆婆病了，有人告诉他们吃杏仁可以医治老人家的病。杨氏便对自己丈夫说："这时节哪里有杏卖呢？要得到杏，只好到各处去找寻求访了，那么你就在家做工种田好好侍奉母亲，我则去各处打听打听吧。"于是杨氏便换上了男子的衣服，踏踏实实到邻县打听去了。走到一处地方，一眼见到路旁的烂草污泥里竟有一颗杏子，杨氏找寻多日也不见杏，于是这一颗杏也就被她如获至宝般捡了起来，洗净后就带回家给婆婆吃了，婆婆吃了杏仁后病也一日比一日好了。但忽然有一天，天上风声雷声大作，杨氏以为是自己在烂草污泥里捡起杏子给婆婆吃，如此不敬不孝的行为惹怒了天雷，想到自己不孝敬之人是该遭天神惩罚的，她便向婆婆告别，走到天井里，伸开双臂，闭上眼睛，接受天雷的劈打。但没承想，她只觉两臂重重的，风雨雷电很快也止息，等她睁开眼一看，手臂上重重的东西，原来是缠绕着的两条几尺长的金龙啊！杨氏将这金龙换了钱，从此家里也变得很殷实了。

若有孝心，则不但不会遭报应，更有不可思议的感应会发生。烂草污泥中的杏，想来也是老天爷的赏赐吧，否则早该腐败。孝感真是可以应天啊！

杨氏访杏，易服改容。得愈姑病，又获金龙。

历女守柩

◇原 文

唐，萧历与妻，并殁官所。女年十六，携婢毁容，载二柩还乡。贫不能给舟资，次宣州，舟子委柩去。女结茅水滨，穿圹纳柩，坟成，有驯乌缟兔菌芝之祥。长老为立舍，岁时进粟缣。丧满不释缞，有红请婚者，则曰：『我弱不能北还，必能为我致二柩于故里葬之者，然后嫁焉。』杨含以高安尉罢归，过宣，闻之，承其事，毕葬，乃归含。

以父母之遗体，葬父母之形骸，可谓务本矣。

◇白 话

唐朝时候，萧历和他的妻子都犯了罪被官吏杀了，遗留下一个十六岁的女儿萧姑娘。萧姑娘便同了婢女，两人齐齐涂污了面孔，运着父母的两具灵柩回故乡下葬去。可是萧姑娘没钱继续支付路费了，到了宣州地方，船家就把两具灵柩卸在了岸边，弃她们而去。萧姑娘只好就地搭起了茅棚，挖了一个坟墓，安放好灵柩。等到一个像模像样的坟堆成，就有驯鸟白兔菌芝等等这些吉祥的东西来光临。当地的老者十分赞赏萧姑娘的孝顺，也帮她搭起了一座屋子，还时时给她们一些米谷布匹。就这样，萧姑娘在异乡为父母守满了三年丧期。三年丧期满，萧姑娘还是不愿脱下麻衣孝服。这时候，不断有人来向她求婚。她就对求婚者说："谁能帮我把父母的灵柩运回故里，好好安葬，我才愿意和他结婚。"刚好有个卸官旁任的叫杨含的青年路过宣州，听了萧姑娘的故事后，就帮她把父母好好下葬了，他们也和和美美地结了婚。

萧历女贫，随任表亲。
有能归葬，乃许以身。

菊花无怨

◇原　文

宋，张菊花七岁，后母潜鬻于范尚书家，给其父曰：『失之。』父哭丧明。后数年，菊花与父遇于金宅，相持痛哭，遂辞主从父归。父欲逐后母，菊花曰：『儿非母不得入贵人家，母乃有德于儿，又何怨焉。儿归而母逐，儿心何安。』乃止。父老无子，家贫，卒。菊花孝事后母，不能行，则每负之。后母卒，菊花佣作富家，忠勤和俭兼备焉。

◇白　话

宋朝时候，有个叫张菊花的小姑娘。小菊花七岁的时候，她的后母把小菊花骗出门，偷偷将她卖掉了，卖到了范尚书家里。卖掉小菊花回家后，这个后母又骗菊花的父亲说：“哎呀菊花走丢了。”菊花的父亲听后，悲伤得几乎哭瞎了眼睛。几年后，没想到，一个偶然的机会，张菊花竟然和父亲在一个金姓的人家里相遇了。父女两人悲喜交集地抱头痛哭，然后父亲就把菊花带回了家里。菊花的父亲自然饶不了妻子，要把她逐出家门，这时菊花却劝父亲说：“女儿要不是后母这一举动，还进不了富贵人家里这些年呢！这样说来，母亲对我反而是有恩德的，我又怎还敢有怨恨之心呢？而且，若我一回来，母亲就被赶出家门，女儿心里又怎能安生？！”父亲听了菊花一番话，这才罢了。后来，父亲一天天年纪大了，又无儿子，家境也穷，不多时就很不放心地离开菊花去了。而张菊花却处处谨慎小心，服侍后母仍与从前一样，甚至在后母不能行走时，张菊花还背着她行走。后来后母也死了，菊花又到了富贵人家里去做工，又勤劳又忠诚，受到人人的尊敬，过了德行完备的一生。

菊花被鬻，遇父得归。劝留后母，孝养无违。

◇ **原　文**

元，李景文妻徐彩鸾，浦城徐嗣源女也。略通经史，每诵文天祥六歌，必为之感泣。至正中，贼寇浦城，彩鸾从父逃。贼及之，欲杀嗣源，彩鸾前曰：『此吾父，宁杀我。』贼舍父而逼彩鸾。彩鸾谓父曰：『儿义不受辱，父可急去。』彩鸾至桂林桥，拾炭题诗于亭壁，曰：『惟有桂林桥下水，千年照见妾心清』，题毕，厉声骂贼，投水而死。

◇ **白　话**

元朝时候，有个叫徐彩鸾的女子，懂得些经史，每每读到文天祥的正气歌，都感动得流泪。至正年间，匪寇来打浦城。徐彩鸾跟着父亲徐嗣源逃难，父女俩拼命跑，徐嗣源不幸还是被匪寇追上了。匪寇就要杀了徐嗣源。彩鸾也顾不得自己的安危了，从躲藏的地方走出来，流着泪对匪寇说："这是我的父亲，你们就杀了我吧，我愿代替父亲死。"匪寇们一见有年轻女子站出来，便丢下徐嗣源，都来逼近徐彩鸾，彩鸾大声对父亲说："父亲快逃！女儿明白大义的！一定不会让他们污辱！"然后就向另一个地方跑去，徐嗣源则乘机得以脱身，保全了性命。彩鸾一直跑到了桂林桥，匪寇们也追到了桂林桥。徐彩鸾见无路可逃了，便从地上捡起一根炭，在桥头的板壁上题了一句诗："惟有桂林桥下水，千年照见妾心清。"题完诗后，她大骂了匪寇们，便毅然投河自尽了。

徐氏彩鸾，救父代死。题诗桥亭，骂贼投水。

朱寿诉冤

◇ 白　话

元朝时候，有个女孩叫朱寿，她的父亲朱环被仆人诬告说他出钱财资助别人造反，因此被投进监狱，并马上就要执行死刑。朱环的儿子在病中，没法为父亲的冤案奔走。朱环只好对着女儿朱寿哭了。朱寿咬着牙对父亲说：“从前有个叫缇萦的女孩，她能为被冤枉的父亲澄冤昭雪，我难道就做不到吗？”于是朱寿立即行动，找到了法官冯耿贤，哭诉说：“我父亲是无罪的，不过是被恶仆怀恨陷害，假若事情不能申冤昭雪，我们一家老老小小都将要做地下的冤枉鬼！我是听说大人你是一个贤明的长官，所以才敢来诉冤。请大人无论如何要澄清事实，救我一家老小啊！”朱寿边说边哭，眼泪像小溪流般。冯耿贤法官故意大声呵斥：“这么大的案件，岂是你这样一个小女子说翻案就翻案的？！”而朱寿却仍然倔强地申冤，益发悲切哀怜。冯耿贤法官终于受了感动，就吩咐属下重新调查事实，在严厉审讯那个恶奴之下，终于将事情搞清楚了，而朱环也终于获救免罪。

◇ 原　文

元，朱寿父环，为奴诬其出资助反，将被刑。环子元病不能起，视寿而泣。寿曰：『昔缇萦能救父，我独非人耶。』乃走告法曹掾冯耿贤曰：『妾父无罪，亡奴挟怨诬之耳，若事不得直，一家枉作泉下鬼矣。闻君素长者，故敢以闻。』言与泪俱。冯叱曰：『此岂汝女子所知。』寿哀祈益切，冯心动，乃使吏鞫奴，得诬状，环乃获免。

朱寿救父，效法缇萦。
哀求恳切，冤狱以明。

◇ **原　文**

明，诸士吉女娥，山阴人。士吉于洪武初，为粮长，有黠而逋赋者，诬士吉于官，执法论死。二子炳焕亦系狱。娥年方八岁，昼夜号哭，与其舅陶山长走京师诉冤。时有令，冤者非卧钉板，勿与勘问。娥辗转板上，几毙。事乃闻，勘之，仅戍一兄而止。娥受伤甚重而卒，里人哀之，为肖其像，而配享于曹娥庙中。

是较之缇萦朱寿而更甚焉。娥年仅八岁耳，能与其舅走京师，诉父冤，已为人所难能，况以嫩肤弱肉，辗转于钉板之上，是可忍，孰不可忍。盖只知有父，而遑计其它，卒以得伸父冤，娥虽死犹生矣。

◇ **白　话**

明朝时候有个叫诸士吉的人，他的女儿名叫诸娥。洪武初年，主管粮税事务的诸士吉被一个欠粮的刁恶人诬告获罪，就要判死刑了，而且诸娥的两个哥哥也被牵连，被关进了牢里。那时诸娥年仅八岁，见家中弄得家破人亡，除了日夜不停悲哭外，她暗暗发誓要尽力营救父兄并伸冤昭雪。于是，她便同舅舅上路了，到京城诉冤去。那时诉冤有个法令，就是诉冤者要先卧过钉板才被受理。没承想年仅八岁的诸娥二话没说，就卧在钉板上打起滚来，意志之坚定令所有人都感到不可思议。八岁女孩伸冤卧钉板的事不胫而走。很快事情便被重新调查清楚，结果是诸娥的父亲无罪释放，而仅仅处罚其中一个哥哥到边疆去充军而已。然而，因滚钉板受伤过重，诸娥却很快就死了。乡里人都为之悲痛且敬佩，便塑了她的像供在了曹娥庙里。

一个年仅八岁的小女孩能为了救父而辗转于钉板之上，此举真可谓壮烈令人扼叹了！只因小女孩心中只有父亲，而不再有其他，极孝而为父伸了冤，诸娥也算虽死犹生了！

诸娥八岁，为申父冤。辊转钉板，配享曹娥。

◇ 原 文

明，林时女淑圆，莆田人。时登永乐十三年进士，观政刑部。缘门籍事诖误系狱，例发北京营工。淑圆甫七岁，击登闻鼓，诉父冤。仁宗监国南京，矜其幼，赐以饭，遂宥时罪。后随任陕西。母王氏病，诸药勿效，其时淑圆年已十二，潜割左臂肉，和粥以进，母获全愈。

◇ 白 话

明朝的林时，他的女儿叫淑圆，是福建莆田人。林时于永乐十三年在刑部衙门里做官，后来因造册籍的事获罪，按照惯例要发配到北京去做苦工。淑圆年仅七岁，听到这个消息后，便一个人跑到通政院击鼓喊冤。那时刚好仁宗皇帝在南京料理国事，看到淑圆这么小的一个孩子，就有如此孝心和胆识，觉得着实可怜爱，就叫人给她饭吃，而且还免了她父亲的罪。后来，淑圆随父亲林时去陕西任职。母亲随行，到陕西后却病了，吃了无数种药都不见效。这时已长到十二岁的淑圆，听到过有人“割肉救疗”的故事后，便也偷偷地割了左臂的肉，放在粥里煮给母亲吃，果然母亲的病就好了。

淑圆七岁，击鼓伸冤。
母病割臂，善护椿萱。

◇原文

明，陈和妻高氏，早寡，奉翁姑孝。翁姑殁，葬毕，高年已五十。泣谓子刚曰：『我父旅葬虞城北，母以枣木小车辋识之。比还，母亦死。弟懦，我三十年不敢言者，以汝祖父母在堂也。今欲往舁父遗骸。』刚从之。至葬所，冢累累莫辨。高以发系马鞍逆行，自朝至夕。至一小冢，鞍重不能前。即开冢，车辋宛然。观者咸惊异，助之归。

陈高氏之尽孝，可谓知所先后矣。盖女子出嫁，以事舅姑为主，舅姑老，夫又亡，不可一日离也。父丧未归，尚有懦弟，三十年后，翁姑丧葬事毕，乃觅父骸，两家子职，一身独当，诚孝所感，宜发鞍效灵也。

◇白话

明朝时候，有个叫陈高氏的妇人，年轻时候丈夫就死了，她一个人侍奉公公婆婆十分尽孝心，后来公公婆婆也死了，安葬好他们后，陈高氏已五十岁了。她这时才流着眼泪对自己的儿子讲了一番话：“儿呀，我的父亲即你的外祖父当年客葬在虞城北面，我母亲曾经用一块小车上的枣木片放在下葬的地方做了标记，后来母亲回到家也去世了。你的舅舅人很懦弱，有个想法我在心里放了三十年也没敢说出来，只因为你的祖父祖母都还健在。古人讲叶落归根，入土为安，如今我想只身一人去他乡搬回你外祖父的遗骨。”陈高氏说完就动身了。她的儿子陈刚不放心，只好跟着去。到了虞城北面，只见坟冢累累，他们要找的坟坑根本不能辨认。陈高氏便将她的头发绑在马鞍上，让马拉着她倒退着走。从早走到晚，马终于在一个小坟头前停了下来，那马鞍忽然变得很重。陈高氏认定她父亲的坟就在这里，便刨开了这个小坟头，只见那把枣木的小车片赫然出现，果然是陈高氏父亲的坟冢无疑。这事让所有来围观的人都感到不可思议，纷纷愿意出钱资助陈高氏母子两人回了家。

以前女子出嫁后，以事公婆为主，是不能擅自回娘家做事的。陈高氏等公公婆婆两人逝后才去寻回自己父亲的尸骸，可谓两家子职，一身独当，也怪不得发鞍也显灵了。

高女觅葬，鞍重不前。遂开其冢，车辋宛然。

◇ **原　文**

明，刘氏二孝女，汝阳人。父玉生七女，无子，家贫力田，尝至垅上叹曰：『生女不生男，使我扶犁不辍也。』其第四第六女闻之，恻然，遂立誓不嫁，着短衣，代父耕作，以菽水承欢。及父母相继卒，无力营葬，二女即屋为丘，日定省焉。隆庆四年，督学副使杨俊民、知府史桂芳诣其舍，请见，时二女年皆六十余矣。

◇ **白　话**

明朝时候汝阳地方刘氏一家，有两位孝女，她们的父亲名刘玉，生了七个女儿，没有儿子，家境很贫苦。每日刘玉在毒日头下耕田犁地，都感叹没有壮劳力来帮助，致使自己年纪一天天老了还得在田头地尾辛苦耕作。父亲的这些感叹被第四、第六个女儿听到了，这两个孝顺的女儿心里极难受，便相约发誓此生不嫁人了，并从此穿起了男人穿的短衣短裤，代替父亲到田地里劳作了。不但如此，她们一日三餐服侍父母，也十分殷勤关怀。等到父母相继去世后，她们没有能力安葬父母，便把住屋也改做了父母的坟室，每日还照常像生前一样地问安。隆庆四年时，督学副使杨俊民、知府史桂芳到这两位孝女家里慰问，见到这两位女子，其时这两个姐妹已六十多岁了。

刘玉二女，父嗟无子。终养代耕，承欢菽水。

◇ 原文

明，武师端妻江氏，事父母以孝著。及归师端，其姑病痢，江氏为澣洗，邻妇曰：『若岂无仆婢而亲污秽耶。』江氏曰：『仆婢以势使，虽不敢违，非所甘也。我则甘之。』姑噤口二旬，医技穷，江氏割左膊肉，火干为末，托药以进，姑服之渐愈。每食，必身侍姑，姑食讫，乃食。筹家事，则之他所，不令姑闻愁叹声。里党则焉。

◇ 白话

明朝时候，武师端的妻子江氏，侍奉公婆父母都十分孝顺，是很出名的。嫁到武家后，她的婆婆得了痢疾，江氏每日亲自为婆婆清洗身体和衣物，邻居妇女对她说：“你为何不让婢仆做这些，却亲自弄这些污秽的东西？”江氏回答说：“婢仆做，因为那是她的本职工作，而不得奈何去做，虽然不敢吱声，但那肯定非她心甘情愿；而我去做，却是心甘情愿的呀。”不久，江氏的婆婆又得了噤口痢疾（噤口痢疾：痢疾的一种，因饮食不进或入口即吐，故名），二十多天了也不见好，连医生都无能为力了，江氏便偷偷地割了左胳膊上的肉，烘干了做成粉末状，假说是药给婆婆吃，婆婆吃后，病竟渐渐地好了。平常，每天吃饭，江氏必定是亲自侍奉的，等到婆婆吃完她才吃；而每当要筹划家事，她一定也不当着婆婆的面说话，以免老人家听到后增添烦愁。所有这一切，乡邻都看在眼里，每个人提起江氏，无不竖起大拇指，并以她为楷模。

江氏每食，必先侍姑。甘亲污秽，勿使女奴。

泰伯采药

◇ **原 文**

殷，泰伯，周太王长子，弟季历，生子昌，有圣瑞。太王有传位季历以及昌之意，泰伯知父意，即与弟仲雍相约，因父病，以采药为名，逃之荆蛮，被发文身，示不可用。孔子以至德表之。

泰伯率仲弟飘然远去，使王季自然得位，而太王亦无立爱之嫌，其曲全于父子兄弟间者，浑然无迹，非至德其孰能之。

◇ **白 话**

殷朝末年，有个孝悌兼全的人，名叫泰伯，他是周朝太王的长子。他的第三个弟弟叫季历，生有一个儿子姬昌，姬昌出生的时候，曾有一只赤色的雀鸟，嘴里衔了丹书停在季历的家门口，人们都传颂说这表示有圣人要出世。所以周太王一直有传位给季历，再由季历传位给姬昌的意思，但因为泰伯才是长子，所以周太王也有点为难，对传位给季历的想法也不好表露、声张。泰伯却觉察出了父亲的意思，便立即找到二弟仲雍商量，二人便相约假称为父亲的病要到山里去采药，借着这个名头，他们兄弟俩果然跑到了南方蛮夷之地。一到南方，他们便披散了头发，在身上刺画了花纹，这意思是说“我们俩是不可以出世做事的了”。这样，周太王便顺利地让季历继了位。这事后来被孔子听到了，孔子赞叹说：“泰伯二人的行为，已到了至德的地步呀。”

泰伯带着二弟飘然远去，目的是为了遂父亲意愿，让三弟顺利继位，而父王也不会给世人留下偏爱让位之嫌，这曲全于父子兄弟的一片衷肠，浑然不落痕迹，真是可称为“至德”的了。

泰伯让国，曲顺其亲。之荆采药，被发文身。

赵孝争死

◇ **原文**

汉，赵孝，字常平，与其弟礼相友爱。岁饥，贼据宜秋山，掠礼，将食之。孝奔贼所，曰：『礼病且瘠，不堪食，我体肥，愿代之。』礼不允，曰：『我为将军所获，死亦命也，汝何辜。』兄弟相抱大哭。贼被感动，并释之。事闻，诏分别迁授。

恶至杀人而食之贼，且当众贼饥饿亟亟待食之时，尚可令起慈心，则世间安有不能化之人？《大学》云：宜兄宜弟，而后可以教国人。不其然乎？

◇ **白话**

汉朝时候，有一对兄弟叫赵孝和赵礼，他们相亲相爱手足情深。有一年，年成歉收，天下饥荒，强盗贼人四起。一帮强盗在宜秋山作乱，把弟弟赵礼捉了去，并且要杀了他来吃。赵孝心急如焚地赶到强盗窝里，声嘶力竭地求恳他们放了弟弟，并说："我弟弟赵礼身体有病又瘦弱，是不好吃的，而我比弟弟肥胖多了，我愿意代替弟弟来给你们吃。"那做弟弟的赵礼听了，却不愿意，对哥哥说："我被人捉去，死了那是命中注定，你要是死了，却有多么无辜！"他们兄弟二人抱头痛哭，互相争着要代对方去死。这番情景，竟叫强盗们也感动了，相商了一下，便放了赵礼，让他们兄弟二人都回家了。这事后来还被皇上知道了，便下了诏书，让他们兄弟俩人做了官。

恶至杀人而食的盗贼，而且当盗贼们饥肠辘辘亟待食人之时，尚可被感化起慈心，则世间还有不能被感化的人么？《大学》书中说："宜兄宜弟，而后可以教国人。"不正讲的这些吗？

赵孝遇饥，自述体肥。愿代弟死，两得全归。

◇白　话

汉朝时候，有个叫许武的人，父亲早死，而两个弟弟许晏、许普还年幼。许武每每耕田劳作的时候，都叫来两个弟弟看着，怕他们日后学不到生存的本事。晚上，他就在灯下教两个弟弟读书识字。若两个弟弟不听话，他就自己跪在宗族牌坊下告罪，认为是自己教得不得力。后来，许武被荐举为孝廉（孝廉：选拔官吏的一种科目，由各郡推举那些孝顺清廉的人充任官职），但是，他想到两个弟弟都还没名望，便把家产分作了三份，自己故意拿了最好的一份肥田广宅，而坏的却给了两个弟弟。如此，人人都称许他的两个弟弟而鄙视许武，但许武一直忍受着这份恶名。等到弟弟们也得了选举后，许武这时才聚集了全族的人，哭着说明了自己当时的苦衷，那全是为了要给弟弟们显扬名声呀。说明缘由后，许武便把自己得的那份家产又重新分作两份，全部赠给弟弟们了。

许武与另一个名叫薛包的人的做法，恰恰相反。薛包是让美取恶，惟恐自己名声不好，许武

◇原　文

汉，许武父卒，二弟晏普幼。武每耕，令弟旁观。夜教读，不率教，即自跪家庙告罪。武举孝廉，以弟名未显，乃析产为三，自取肥田广宅，劣者与弟，人皆称弟而鄙武。及弟均得选举，乃会宗亲，泣言其故，悉推产于弟。

许武与薛包，适成一反比例。薛包让美取恶，不欲居瘠己肥侄之名，故设种种饰词以掩之。许武取多与寡，实默存抑己扬弟之心，故假种种贪行以显之。事若相反，而其用心之苦，则尤甚也。

却取多让少，实则存有抑己扬弟之心。二者行事相反，但许武的用心良苦，却实在比薛包要深得多呀。

许武教弟，半读半耕。取多与寡，以成弟名。

◇原　文

汉，姜肱，字伯淮，与二弟仲海季江，友爱天至。虽各娶，不忍别寝，作大被同眠。尝偕诣郡，夜遇盗，欲杀之，兄弟争死，贼两释焉，但掠衣资。至郡，见肱无衣，问其故，肱托以他词，终不言。盗闻感悔，诣肱叩谢，还所掠物。

李文耕曰：人伦有五，惟兄弟之日长。父之生子、夫之娶妻，蚤者皆以二十年为率，惟兄弟相聚，自幼至老，多者至七八十年之久。若恩意浃洽，猜忌不生，其乐岂有涯哉。姜氏兄弟，乃真知此味矣。

◇白　话

汉朝时候，有个人叫姜肱，和他的两个弟弟仲海、季江兄弟三人非常友爱和睦。长大后，虽三人都娶了妻子，但一直抵足同眠惯了，所以虽各自娶了妻，但仍旧不愿分开，便做了一张很大很大的被子，三兄弟仍旧在一起睡。一次兄弟们同到府城去做事，夜里半路上遇到了强盗，强盗们要杀死姜肱，其他两兄弟便争着替哥哥去死。强盗们在他们面前都感到了羞愧，便只拿了一些衣物金钱，放了他们。到了府城，别人看到姜肱他们没有衣服穿，都很奇怪，问是什么缘故。而姜肱他们都以别的一些话支开了，不愿供出那帮强盗的姓名。这事不知怎么还是被强盗们听见了，都很感激，同时又有些懊悔。总之，连强盗的心都开始五味杂陈。于是他们又偷偷找到了姜肱他们，叩头拜谢，抢走的钱财衣物也统统都还给了他们。

李文耕说：人伦有五（封建宗法社会以君臣、父子、夫妇、兄弟、朋友为“五伦”），只有兄弟之情是永远长久的。父子之间、夫妻之间能相处的情分，说到底，也就二三十年到头，而兄弟相处的情分，却是自幼至老，长达七八十年之久。若从无猜忌、相亲相爱，兄弟间的恩情快乐可是恒久无尽的呀！姜氏兄弟，看来是真的知晓此中道理情味的。

姜肱大被，旷世所稀。不言遇掠，盗悔还衣。

◇原文

汉，缪彤字豫公，少孤，兄弟四人同居。及各娶妻，诸妇遂求分异，数有争斗之言。彤愤叹，乃掩户自挝曰：『缪彤，汝修身谨行，学圣人之法，将以齐整风俗，奈何不能正其家乎？』弟及诸妇闻之，悉叩头谢罪，更为敦睦。

李文耕曰：骨肉之间，无责善之理，父子既然，兄弟可知。观缪公反躬自责，而诸弟及诸妇，遂人人知悔，转为敦睦，可知天地间除自责自尽外，更无道理矣。

◇白　话

汉朝时候，有个人叫缪彤，小时候就死了父亲，他们兄弟四个人相依为命生活在一起。等各自长大后，都娶了妻子，这时候，四个妻子之间却起了是非，闹起了分家，甚至好几次为此而吵打了起来。缪彤又羞又愤，躲到自己屋里绝食了好几日，又自己扇着自己的嘴巴说：“缪彤呀缪彤，你一向主张修身谨行，要学圣人法则，要去齐整世道风俗，你作为一家之长，却为何连自己的家庭都不能够安妥和睦？”缪彤的这番自责被门外的弟弟和弟媳们听到了，都深受感动，又羞又悔，便一一向屋里的缪彤叩头谢罪，从此一家人再也不谈闹分家了，相处更加和睦友敬。

李文耕说：“骨肉之间，无责善之理。”父子间是这样，兄弟间更是如此。缪彤能反躬自责，使弟弟弟媳们人人知悔，从而更和睦友爱，可知天地间自责自尽做到了，也可影响改变别人的。

缪彤化弟，闭门自挞。
诸妇谢罪，得以齐家。

◇ **原 文**

晋，王览母挞其异母兄祥，览辄流涕抱持。母虐使祥及祥妻，览与妻亦趋共之。祥渐有时，母疾之，乃鸩祥，览知，取酒争饮，母遽覆酒，遂感悟。吕虔有佩刀，相其文，佩者至三公。虔与祥，祥以授览，后果九代公卿。

◇ **白 话**

晋朝时候，王览有个同父异母的哥哥王祥。王览的母亲对自己的亲儿子好，却对哥哥王祥非常恶，经常打骂他。每每这时，王览便都抱着哥哥流泪。后来王祥娶了妻子，后母更是虐待他们俩小夫妻，王览便也同了自己的妻子，和哥哥嫂嫂一起承受。王览这样子，多多少少使他母亲不得法，从而让哥哥王祥的日子好过了些。后来，王祥渐渐在社会上混出了好名声，后母便益发妒忌，就准备用毒酒来毒死他。王览知道后，一把抢过那毒酒就要自己喝了它。他母亲只好又抢过那毒酒倒了，并渐渐有了些感悟。当时有个叫吕虔的人，得到过王祥的很大帮忙。吕虔手里有把带字的佩刀。相传谁拥有了这样的佩刀，谁就会九代都出大官。吕虔出于感激，就将这把刀送给了王祥。而王祥，又因感激弟弟一直以来的恩情，便诚心诚意地又转赠了弟弟。结果王览后代的子孙，果然九代都做了大官。

王览护兄，争鸩舍生。
感母悔悟，九代公卿。

◇ **原 文**

晋，庾衮，字叔褒。时值大疫，二兄死焉，次兄毗复危。疠气方炽，父母诸弟悉外避，衮独不去。诸父强之，衮曰：『性不畏病。』遂亲自扶持，昼夜不眠，间复抚柩哀泣。十余旬，疫止，家人乃反。毗病得瘥，衮亦无恙，父老异之。

疫非不足畏，第骨肉至情，自不当舍去，亦不忍舍去耳。此中原不容畏避心，亦不容侥幸心，世人一涉计较，便失之矣。

◇ **白 话**

晋朝时候，有个叫庾衮的人，有一年流行大瘟疫，他的两个哥哥都病死了，第三个哥哥又染上了疫病很危急。而当时，瘟气十分严重，最是人人自危的时候，庾衮的父母和几个弟弟们都到外面躲瘟疫去了，独有庾衮不肯离去，甚至他的父母强行要拉他离开，而庾衮只说：“我天生是不怕瘟气的。”于是就留下他一个人了。他天天服侍病危的这个哥哥，日夜不睡，有时抚摩着死去的两个哥哥的灵柩，也不禁涕泪滚滚，十分哀伤。这样，一直过了一百多天，瘟疫渐渐才止息下来。等家人都回到村子里来，看到庾衮竟好好的，而庾衮的哥哥，也病愈了，都又惊异又羞愧。

瘟疫面前，难道庾衮是真的天生就不畏惧么？非也，实在只因为骨肉之情，不忍舍去，更不当舍去呀！按理来说，在瘟疫面前，庾衮是该存畏避之心而离开的，但如果世人凡事只按事实理论来做，则情分情理也便失掉了。

庾衮事兄，疫盛不避。
亲自扶持，昼夜不寐。

刘琎束带

◇ **原文**

南齐，刘琎字子敬，瓛之弟也，方毅正直。宋泰豫中，为明帝挽郎。其兄尝于夜间隔壁呼之，琎不答，至下床着衣正立，然后应。瓛怪其迟，琎曰：『向因束带未完，故不敢应耳。』其敬兄如此，是以为一代名臣。

兄弟非疏远之人，卧室非几席之地，夜睡非进退之时，乃以束带未完，礼貌欠周，一应对且不敢，其敬兄可知矣。《孝经》云：『事兄悌，故顺可移于长；居家理，故治可移于官。』立操如此，宜其为当代名臣矣。

◇ **白话**

南北朝时候，南齐有个人叫刘琎（琎，音jìn），他的哥哥叫刘瓛（瓛，音huán）。刘琎是个正直方毅的人，所以在南宋朝泰豫年间，他曾经担任过明帝的挽郎（挽郎：牵引灵柩唱挽歌的少年，一般选公卿以下六品子弟担任）。一次，刘琎的哥哥刘瓛在隔壁住，夜间不知因何事叫着弟弟的名字让他过来。刘琎听到了，但没有立即答应，而是先赶紧下床穿衣着鞋，全身周整了以后，他才在哥哥的门前立正了回应。刘瓛责怪他这么长时间才到来，问何缘故。刘琎从容回哥哥道："我之所以来迟，是因为衣服带子鞋子还未来得及穿束好，我穿戴得不周整就到哥哥面前来，这样对哥哥是不礼貌不恭敬的，所以不敢随随便便回应您的呼唤呀。"

兄弟之间，又是夜晚睡觉，非平常肃整之时，而以束带未完礼貌欠周不敢随便应时，刘琎的敬兄由此可见！悌兄之理可移于敬长辈，理家之道可移于任官职，立操如此，怪不得可成当代名臣呀！

刘琎敬兄，闻呼下榻。束带未完，不敢遽答。

◇ **原文**

隋，牛弘本姓寮，父允，为后魏侍中，赐姓牛。弘好学博问，官吏部尚书。其弟弼尝酗酒射杀弘驾车牛，妻告曰：『叔射杀牛。』弘不以为意，但答曰：『作脯。』妻又曰：『叔射杀牛，大是异事。』弘答曰：『已知。』颜色自若，读书不辍。

李文耕曰：兄弟之嫌，多起于妇人。然妇虽善间，岂能间无可间之骨肉。如牛弘闻弟杀牛，而第曰作脯，妻复言之，仅答曰已知，若欲再言，则已读书去矣，饶舌妇其奈之何哉。

◇ **白话**

隋朝时候，有一个人叫牛弘的，他本姓寮，只因父亲寮允做了后魏的侍中（侍中：“侍郎”为官廷近侍。后来把侍从皇帝左右、地位渐高、超过了侍郎的等级，称为“侍中”。魏晋以后，往往成为事实上的宰相），皇上便赐姓牛给他全家。牛弘生性好读书，所以为人是十分明理博学的，后来他做官做到了吏部尚书（吏部尚书：吏部长官，主管全国官吏任免、考课、升降、调动等事务）。牛弘有个弟弟牛弼，牛弼就没有哥哥那么谨言慎行了，一次牛弼喝醉了酒，竟把牛弘驾车的一头牛用箭射死了。牛弘妻急急忙忙赶到丈夫面前，说：“牛弼竟然射死了你的驾车牛！”牛弘听了，不以为意，轻描淡写地说：“那就制成牛肉干好了。”他的妻子叫喊起来：“牛弼为何射杀死你的牛，你不觉得这事太奇怪了吗？”言外之意，已有点挑拨牛弘兄弟间的意思了。没想，牛弘还是不动声色，只说：“知道了。”然后便起身，自顾仍旧读他的书去了。

李文耕说：兄弟之间有嫌隙不和，多是由于妯娌姑嫂间引起。然而对于真正友爱情笃的兄弟骨肉，纵是再能挑拨是非的妯娌姑嫂，又能奈何之？

牛弘之弟，酗酒杀牛。其妻往诉，不问不尤。

◇ **原　文**

隋，田真、田庆、田广兄弟三人，议分财产，资皆均平。堂前有紫荆树，茂甚，议分为三，其树即枯。真叹曰：『树本同株，闻将分斫，所以憔悴，是人不如木也。』因悲不自胜。兄弟复同居，愈相友爱，紫荆复荣茂如故。

李文耕谓田氏久翕，其庭树亦敷荣于和气之中。至于析财异居，伤其和气，即不闻分斫之议，树亦应枯死矣。既而兄弟同居，荆花重艳，岂非和气复回之证乎。真以兄弟比树之同气连枝，最为切近。

◇ **白　话**

隋朝时候，有一家姓田的，同胞兄弟三人，分别名叫田真、田庆、田广。三个人商量着要分家，便把家里的所有的钱财物资都平均分作了三份。但是他们家门前有一棵紫荆树，长势茂盛花开正好，既然一切都要平均分配，那么这棵树当然也只好一分为三了。哪里晓得，当这兄弟三人刚刚议定这么做时，这棵紫荆树旋即就枯萎了。田真见了，大受触动，叹口气说：“树本同株，听到要一分为三，便即刻憔悴，这么看来，我们兄弟三人是人不如树呀！”他越想越难过，伤痛得连连顿足。此番事情，另两个兄弟也见到了，兄弟三人痛定思痛，都觉得先前提分家真是不恰当，便又商量着复合了，从此也不再提分家分资产的话。真是奇怪，从此以后，门前的这株紫荆树，很快就复苏过来，重新又枝繁叶茂，花果累累了。

李文耕说：门前的树木，也会通人气的，人

和气则树木也繁盛，人不和，则树木也能感应到分离遭遇，所以以兄弟来比证树之同根同气，是最为切近的了。

田真昆仲，议分紫荆。树即枯死，悲悔同声。

◇ **原文**

唐，李勣字懋功，本姓徐，太宗赐姓李，以功封英国公。初为仆射时，其姊病，勣亲为燃火煮粥，风回，焚其须，姊曰：『仆妾多矣，何自苦如此。』勣曰：『岂为无人耶，顾今姊年老，勣亦老，虽欲数为姊煮粥，其可得乎？』

李文耕曰：李仆射为姊煮粥，焚须不顾，读其对姊数语，恺恻之思，溢于言外，令人凄然生感。

◇ **白话**

唐朝时候有一个大臣名叫李勣（勣，音jì），李勣本姓徐，是因为唐太宗爱其有功，赐姓了李，并封他做了英国公（公：爵位的一种）。当年李勣还在做宰相时，他的姐姐病了，李勣亲自为姐姐烧火熬粥喝。没承想，一阵风吹来，把正在吹火煮粥的李勣的胡须烧着了，结果把李勣一脸漂亮的胡须都烧没了。李勣的姐姐心疼地说：“家里有那么多的仆人，你贵为一国宰相，何苦为你姐煮粥还烧了胡须呢。”李勣却回答姐姐道：“我知道家里有很多仆人，但一想姐姐已年老，我也年老了，我能为姐姐煮粥的机会是没有几次了呀！”

李文耕说：仔细体会李宰相的几句话，真是令人沉思，令人感动，又叫人心怀凄怆呀！

李勣在官，为姊煮粥。火焚其须，不用妾仆。

◇原　文

唐，岑文本为右相，弟文昭任校书郎，多交轻薄，太宗不悦，谓文本曰：『卿弟多故，朕将出之。』文本曰：『臣弟少孤，老母特钟爱。令出外，母必愁瘁，无此弟，是无老母也。容臣归，极言劝诫之。』因泣下呜咽，上愍其意而止。

情到至处，无不感动，况贤明如太宗乎。文本爱弟，出于至情，实根于至性。发悲哀之语，陈恳切之衷，且垂涕泣而道之，卒以感动君王，收回成命，得免慈亲之愁瘁，兼保弱弟之安宁，殊令人叹服不置。

◇白　话

唐朝时候，有个大臣名叫岑文本，做了右丞相（右丞相：辅佐皇帝的最重要政务长官，汉代初期有时置左右丞相各一人。明初亦说左右丞相，不久即废，此后不再有丞相之名），他的弟弟岑文昭，则做了校书郎（校书郎：唐朝秘书省及弘文馆均设校书郎，掌管校勘书籍，订正讹误）。不过这个岑文昭交往的朋友，多为一些轻薄之人，所以常会闹出一些事端来。唐太宗非常不满岑文昭的行为，就把右丞相岑文本叫来，对他说：“你弟弟常惹出事端，我决定要教训他一下，把他调到边远地方去。”岑文本一听，一下子跪在太宗面前，说：“皇上有所不知，只因我弟弟从小就没了父亲，母亲对他十分宠爱，也怪我们太溺爱了他，使他养成了一些不好的习性。如今皇上要是把他调到边远的地方，这对我年老的母亲而言无异于一记当头棒，我的老母一定将忧愁思虑而死。若没了我这弟弟，就等于是没了我的母亲。所以恳请您还是让我告官回家去，尽力调教弟弟和服待老母吧。”岑文本真心诚意地说完这番话，泪流满面，堂堂右丞相，竟也哭得呜咽悲伤。太宗皇帝听完，良久无语，感动于岑文本的孝悌之心，便决定不再发配岑文昭了。

情到深处，自然发悲哀之语；恳切之衷，甚至动君王之心。岑文本的既孝又悌，真叫人叹服不止！

文本有弟，太宗不悦。婉曲陈情，泣下呜咽。

◇ **原 文**

唐，张公艺九世同居，高宗问其睦族之道，公艺请纸笔以对，乃书忍字百余以进。其意以为宗族所以不睦，由尊长衣食或有不均，卑幼礼节或有不备，更相责望，遂为乖争，苟能相与忍之，则家道雍睦矣。

李文耕曰：处家之道，非一忍字所能尽。然忍固争之反，化之渐也。凡憎嫌之端，初起甚微，结之便深，构之便大。一忍则无事矣，况相效于忍，有不和顺者乎。

◇ **白 话**

唐朝时候，有个叫张公艺的人，他家里九代人都同住一块儿而没有分家，且大家都非常友爱和睦。唐高宗皇帝十分惊奇他们家有何特别的治家之道，公艺便请求拿纸笔来写答案。待人拿来纸笔，只见张公艺只写了一个字：忍。继而又将忍字重复写了百来个，便将这“答案”上呈给了高宗。人们便也明白了，原来，张公艺九代同居而不分家，和睦友爱之道就在于一“忍”字呀，宗族所以会不和睦，皆是由“不忍”而得呀！一大家人在一起，长幼尊卑肯定会免不了有不均不备之处，若互相责备争吵，不能相互忍让宽容，则哪能九代同住一起而不起纷争之心呢！

李文耕说：处家之道，当然也不是单一个“忍”就能一字道尽的。但“忍”则是基本，一切争端憎嫌，起初往往都是微不足道的小事，但常常是微不足道的小事不“忍”，慢慢便发展得大了，嫌隙便深了，所以若人人都能“忍”，则一切不快不当都泯灭于萌芽中了。

唐张公艺，九世同居。睦族之道，忍字百余。

◇ **原 文**

五代，张士选，幼丧父母，其叔育之，祖产未析，叔有七子。选年十七，叔曰：『今与子析产为二，各得其一。』选曰：『叔有诸兄弟七人，可分为八。』叔固辞，选让愈力，因从之。时选在馆，术者称其满面阴骘，必高第，后果然。

◇ **白 话**

五代时候有个叫张士选的人，年幼时候就没了父母，与叔叔住在一起。他的祖父遗留下不少家产，还没分，等到张士选十七岁时，他的叔叔就说：“你已成年，可以不用我抚养了，我们把你祖父的家产一分为二吧，我们两家平均分得一份。”没承想，十七岁的张士选却这样回答叔叔说：“叔叔你有七个儿子，那么我们该把家产分做八份才好。”叔叔觉得不好意思这样做，但张士选却坚持要一分为八份，没法，叔叔只好听从了。当时十七岁的张士选常在书馆认真读书，一次，一个相面的人偶尔经过书馆，看到张士选的面相，便对书馆的先生说：“这个人满脸心思，是个有心计有主意的人，以后会高中状元的。”后来张士选果然是中了状元。

张氏士选，阴骘满面。
让产青年，名传金殿。

陈昉百犬

◇ **原　文**

宋，陈昉，自其祖崇遗制以来，十三世同居，长幼七百余口，不畜婢仆，上下亲睦，人无间言。每食，必群坐广堂，未成人者别席。有犬百余，共槽而食，一犬不至，群犬不食。乡里皆化之。州守张齐贤上其事，免其家徭。

◇ **白　话**

宋朝年间，有个人叫陈昉，他的家里，自从他祖父陈崇遗下家族制度以来，合族住在一起，已经有十三代了，以至老老小小一共有七百多人同住一个屋檐下，也不用婢仆，却上上下下和睦相亲，从无间隙，也无人有怨言。每餐吃饭时，七百多口人真是蔚为壮观，但只见他们大家齐齐有序坐在宽阔的广场上，秩序井然和乐友好地就餐。未成年的孩子，则在另外一处有规有矩地吃饭。没想到，就是他们家养的一百多条狗，也真是令人惊奇，只见百犬同槽而食，只要有一只狗还未到，其他狗就肯定不吃，这一情景真叫所有人都惊奇感叹！这事也被州官张齐贤见到了，便上奏给了皇上，皇上便下诏免了他们家的一切徭役。

陈昉眷属，七百余口。上下相亲，孚及百狗。

温公爱兄

◇ **原 文**

宋，司马温公，名光，字君实，孝友忠信，为一代名儒贤相。与其兄伯康名旦，友爱甚笃。伯康年八十，公奉之如严父，保之如婴儿，每食少顷，则问曰：『得无饥乎？』天少冷，则拊其背曰：『衣得无薄乎？』

李文耕曰：温公一代完人，孝友出于天性。其于伯兄，奉之如严父，敬之至也；保之如婴儿，爱之至也。饥寒饱暖，刻刻关心，不几于听无声、视无形乎。

◇ **白 话**

宋朝的司马温公，即司马光，是个友孝忠信的人，所以能成为一代名儒贤相。他和哥哥司马旦十分友爱情深，感情很好。司马旦八十岁的时候，司马光也是一个老人了，但他对待哥哥就像对待父亲一样敬重，又像对待小婴孩一样关怀备至。每餐吃饭若稍稍迟了点，他就赶紧去问哥哥："你饿了吗？"天气稍稍冷一些，他又赶紧试一试哥哥的背部，问他："哥哥的衣服够不够？"

李文耕说："司马光真是一代贤人。孝行友道出自于天性。他对待哥哥像父亲般，那是极敬，如婴儿般关怀，那是极爱，又敬又爱，那就是友悌的典范了。"

温公兄老，爱敬情深。
饥寒饱暖，刻刻关心。

张闰无私

◇ **原　文**

元，张闰，八世不异爨。家人百余口，无间言。每日使诸妇女聚在一室为女工，工毕，敛贮一库，室无私藏。幼稚啼泣，诸母见即抱哺，不问孰为己儿，儿亦不知孰为己母。缙绅之家，自谓不如。至元中，旌表其门。

唐有张公艺九世同居，宋有陈昉十三世同居，共织一室，不为私蓄，互乳其子，令人钦佩无已。

◇ **白　话**

元朝时候，有个叫张闰的人，他家已经八代同居而没有分家了。所以家里人口一百多，但从不见有不和睦不友爱的。每日，只见他家的所有妇女都会齐聚一室，大家有说有笑，愉快地一齐做着女红，做完活后，大家又把东西齐齐放在另一仓库，从不见有人私自拿了东西藏在自家的。而家里的婴幼儿，一旦有啼哭的，则每位哺乳期的妇女，都会抱起哭着的孩子给他喂奶，从不会先仔细辨认是不是自己的亲生孩子，所以，这些母亲们，谁也不会计较哪个才是自己的亲生孩子。而孩子们，也不知哪个才是自己的亲生母亲了。那个地方的缙绅之家、世袭之家，人人都自叹不如，认为自家远远不如张闰家，对张闰家十分敬重。所以到至元年间，皇上下令一定要好好旌表他家。

唐时有张公艺九世同居，宋时有陈昉十三代同居，都是共处一室，不为私蓄，共乳其子，令人钦佩无已！

张闰无私，八世同居。
共织互乳，缙绅不如。

章溢代戮

◇原文

元，至正壬辰，黄州妖贼，自闽犯龙泉赞善。章溢同其侄存仁，避乱山中，存仁为贼所获。溢曰：『吾兄止一子，不可使无后。』乃出，语贼曰：『儿幼无知，我愿代儿。』固请免戮其侄，至于号恸。贼义之，俱释焉。

从来处变之时，最足验人真情。章溢于流离颠沛中，兢兢焉为其兄顾一线宗祀，愿舍身代侄，以独存无父孤儿，笃志深情，处义直到尽处，苟非烈丈夫识义理者，何能若此。

◇白话

元朝顺帝至正年间，黄州地方经常有一帮匪寇，从福建过来，骚扰祸害百姓。有个叫章溢的人，带着他的侄子章存仁避乱山中，但章存仁还是不小心被匪寇抓去了。章溢说："我哥哥就只留下了这个儿子，我怎能让哥哥无后代啊！"于是，再不顾自身安危，便跑到匪寇那里，说："章存仁还是个小孩，无知无识，你们杀了他也没有什么意义，我愿意代替他被你们杀。"匪寇不理会他，他便苦苦哀求，号啕大哭，又说只因这是自己的亲侄儿，而自己哥哥只有这一根独苗留在世上，看在这孩子可怜的分上请放了他。如此这般，匪寇终于被他感动了，于是便把他们俩人都释放了。

从来处变之时，最是能检验一个人的真情真意。章溢对兄长侄儿的深情笃志，可以算得上是烈士大丈夫的所作所为了。

章溢之侄，为寇所擒。愿以身代，贼亦心钦。

◇原 文

明，郑濂七世同居，门旌『天下第一家』。太祖召问曰：『汝家人口若干？』对曰：『千余。』因问治家之道，对曰：『惟不听妇人言耳。』上赐二梨，濂拜受归。上命校尉瞷之。濂至家，召家人齐谢恩，置水二缸，碎梨入水，饮之。上大悦。

◇白 话

明朝时候，郑濂的家族七代都同住在一起，被旌表为“天下第一家”。太祖皇帝召他来，问他：“你家里人口一共有多少？”郑濂回道：“大概有千余人吧。”太祖皇帝又问他人口如此庞大是如何治家的。郑濂回答道：“惟有一条，那就是不能妄听女人们的话。”意思是说，往往女人们常爱传闲言、说怨言，这就容易导致大家的不和谐，惟有不听闲言、不传怨言，族人才能和睦相处。太祖皇帝听了十分欢喜，便赐了郑濂两只梨，郑濂拜谢后就拿着梨回家了。而太祖皇帝暗中又叫校尉跟着郑濂回家去，看他究竟是如何做的。只见郑濂到了家后，召集了全家人，齐齐朝皇上住的方向拜谢，然后，就叫人抬来了二只大水缸，将赐的两只梨切碎了，放入水缸中，这样，全家千余口人都算是喝到了皇上赐的梨水了。校尉回去将这情况汇报给了太祖皇帝，太祖皇帝更加高兴，不得不佩服郑濂的治家有方。

郑濂碎梨，食者千余。
不听妇语，七世同居。

◇ 原 文

明李廷机，官大学士。弟布衣自家至京候兄，方巾鲜服以见。廷机询家事及寒温慰劳语毕，讶其巾服，问曰：『入泮乎？纳粟乎？』弟皆曰『否否』。诘其原冠何在，曰：『在袖中。』廷机曰：『仍冠此，毋徇俗。』弟奉命易冠，毫无难色。

文节昆仲，可谓难兄难弟矣。兄已官至学士，而弟仍布衣，至偶戴方巾，即使易冠，人几疑为不兼容，实则爱之以德，不忍其弟失礼耳。而弟亦奉命惟谨，略无难色，尤为人所难能。

◇ 白 话

明朝的李廷机，做官做到了大学士（大学士：内阁长官，负责起草诏令，批答奏章，官品虽较低，实握宰相之权），可他的弟弟却仍是一介布衣，老百姓一个。弟弟上京去拜见哥哥李廷机，觉得自己的衣服鞋帽不但破旧寒碜，还一看就知道是个田里种地从农村来的，他怕给哥哥丢脸，到了京城的第一件事，就是上街重新购置行头。按照当时的时尚，从上到下换了一套光鲜亮丽的衣帽，穿戴得十分神气这才去见当着大官的哥哥。兄弟相见，自是一番嘘寒问暖，询问家事。说完这些后，李廷机忽然想起，惊讶地问弟弟怎么穿戴得如此新鲜光亮，问他："难道你已经进了学、中了秀才？或者捐得了一官半职？"弟弟回答说："不是的，没有呀。"李廷机说："那你原来的衣服鞋帽呢？你一直在农村干活，不可能穿得如此轩昂亮丽的呀。"弟弟只好说："原来的衣物太寒碜，这不，卷在衣袖中呢。"李廷机说："何必如此呢？穿戴原来的就好。"便给他讲了一番道理。而当弟弟的，便遵照哥哥的话，立即换上了原来的寒简布衣，一点也没有不高兴的样子。

李廷机实在是为弟弟着想，不忍弟弟落下让世人笑话、不妥的名声。而弟弟原来怕自己的形象给哥哥造成不好的影响，也是为哥哥着想，待哥哥教育后，却又愉快地接受了教育，诚恳地遵命，这真是一对文节不相上下的好兄弟。

廷机教弟，仍易旧冠。奉命维谨，可谓二难。

◇原　文

明，严凤性孝友，事兄如父。致仕归，兄老而贫，迎养于家。凡宴客，必兄递杯，自执箸从。一日进箸稍迟，兄怒，批其颊，欣然受之。终席尽欢。既醉，送兄归卧。日未明，已候榻前，问昨饮畅否，卧安否。兄寻卒，哭葬尽礼。

◇白　话

明朝的严凤是个十分友爱孝悌的人。他对待自己的哥哥就像父亲般敬爱关怀。严凤做官告老还乡后，他的哥哥已年老且家中穷苦，严凤便干脆将哥哥迎请到自家来养着了。每逢家中宴请客人，严凤是一定要哥哥走在前头，由哥哥来执杯与客人敬酒的，他自己反而像个奴仆般，跟在哥哥后头手拿筷子，等着哥哥和客人吃菜的时候用。一天，严凤家宴客，严凤的哥哥和客人碰杯后，想夹菜吃，回转身来拿筷子而严凤还没把筷子准备好，哥哥大怒，立即朝严凤一个耳光扇过去，谁人都道严凤肯定受不了，但没想严凤却仍旧谨慎谦和，接受哥哥的怒气，一点也没有不愉快的样子。直到酒席结束，宾客尽欢。严凤的哥哥还喝醉了酒，严凤又亲自将哥哥送回了卧室。第二天，天还没亮，严凤记挂着年岁已高醉倒在床的哥哥，便早早地来到了哥哥的床前，问候道："哥哥感觉还好吗？昨天喝得还愉快吗？一夜睡得可好？”没料，其时他哥哥已死了，严凤哭得极悲伤，尽了最好的礼节葬了哥哥。

严凤宴客，进箸稍迟。兄批其颊，欣然受之。

◇原 文

明，陈世恩，万历己丑进士，长兄孝廉，季弟好游狎，早出暮归，长兄规之不改，世恩曰：『伤爱无益。』乃每夜亲守外户，待弟入，手自扃钥，问以寒暖饥饱，忧恤之情，形于言貌。如是数夕，弟乃大悔，不复暮归。

◇白 话

明朝时候，有个人叫陈世恩，是神宗皇帝万历年中的进士。陈世恩的大哥是个举人，但他的小弟却是个游手好闲的人，经常早出晚归，在外胡混。起初陈世恩的大哥对这个小弟屡屡规劝，讲尽道理，但这个小青年就是不听，行为照旧。陈世恩看在眼里，便对大哥说：“大哥看来你这样的方法不大奏效，话说多了或轻或重也怕反而伤了兄弟间的和气，还是让我来试试吧。”于是，这天夜里，陈世恩便亲自守在大门外，等着弟弟深夜归家，弟弟很晚才回来时，他也没有一句责备斥骂的语言，反而开了锁迎弟弟入屋，还嘘寒问暖，问弟弟冷不冷、饿不饿，手足间真切担忧关怀的神情溢于言表。这样过了好几夜，这个原来顽固的小青年终于感到羞愧，有所悔悟，便再也不出外胡混直到很晚才回家了。

世恩待弟，问食问衣。
尽情忧恤，弟不暮归。

舜妹护兄

◇ **原　文**

虞舜之女弟，名系，一名敤首，与象同母，爱敬舜及二嫂。每以慈谏其亲，以弟道规象，不从。凡父母恶舜，则密告二嫂以挽救之，掩井焚廪之谋，皆预泄于舜，是以舜得免害。调护维持，始终无怠焉。系善作画，故后世推为画祖。

◇ **白　话**

虞舜的妹妹叫系，又名敤（敤，音kě）首，她和象都是舜的后母生的，但系不同于象，她对舜及两个嫂嫂娥皇、女英都十分尊敬、友爱。每每她的母亲、父亲对舜不好的时候，她都委婉地规劝父母不能这样，而象不守做弟弟的规矩的时候，她也劝象不能这样对哥哥。有几次，父母和弟弟密谋要害舜的时候，她都秘密地预先告知两个嫂嫂。幸亏她这样做，舜才避免了几次灾祸，比如填井和焚烧米仓这两件事，就是她预先通告才使舜有所防备，而不至送了命。系总是热心地在他们父子、母子兄弟间调停、维护，时时刻刻、始终都不敢懈怠。舜真是多亏了这样一位妹妹。系还是一名画画画得很好的画师，所以后世的人都推崇她为画祖。

舜妹爱兄，敬及皇英。
闻谋预泄，井廪得生。

◇ 原 文

周，晋赵衰妻姬氏，文公女也。初，衰随文公出亡，过狄，狄人妻以咎如女叔隗，生盾。后衰还晋为卿，文公以女妻之，生同、括、婴。赵姬固请迎叔隗母子于狄，至，则以盾为贤，请立为嫡子，使三子下之；以叔隗为内子，而己下之。

吕坤曰：妇人能容妾，足矣，况身自为妾乎。况以公女而妾狄人之女乎，况以子为庶子，而嫡狄人之子乎。赵姬之贤，古今一人而已。

◇ 白 话

周朝时候，晋国有一个人名叫赵衰，他的妻子姬氏，是晋文公的女儿。当初文公还没做国君时，赵衰曾和文公一起逃亡，经过外族狄国的时候，狄人墙咎如把女儿叔隗嫁给了赵衰，并生下了赵盾。后来，赵衰回到晋国做了官，而此时的文公也已当了国君，晋文公念赵衰对自己的情义及极度赞赏赵衰的人品，便把女儿姬也嫁给了他。赵姬氏为赵衰又生了三个儿子赵同、赵括、赵婴。当赵姬氏得知赵衰在狄国还有妻子和儿子时，便十分诚恳地叫丈夫赶紧将他们迎请回晋国来。赵衰还是有所顾忌，但经不住赵姬氏几次三番地说，便真的将叔隗和赵盾接回了晋国。而这个赵姬氏，果然十分高兴地和他们相处一室。赵姬氏见赵盾人品不错，便又让他做了长子，自己生的三个儿子依次做了弟弟，不但如此，她还让叔隗做了大夫人，自己甘愿称是小老婆。

吕坤说：一般的妇人，能容纳妾的存在就已很不容易了，何况能做到让出正妻的位子而甘愿自己做妾呢，更何况，那让给正妻位的，还是一个外族胡人的女儿！又何况，要把那胡人女儿的儿子立为正出的长子，而自己生的儿子是庶出的次子！赵姬的贤德大义，真可谓古今无双了呀！

赵姬劝衰，迎还叔隗。自处于卑，尊嫡不怠。

◇ 原 文

周，齐聂政为严遂刺韩相，恐累及姊嫈，因自披其面，抉其目，屠肠而死。韩暴其尸于市，购问以千金，莫知为谁。嫈曰：『吾弟披面抉目屠肠以死者，为我故也，我岂可爱其身而灭弟之名耶。』乃之韩，哭其尸，谓吏曰：『杀韩相者，妾之弟，轵深井里聂政也。』旋自杀尸旁。

按聂政母终后，家惟一姊，乃以不肯累姊，宁自披面抉目屠肠而死，姊亦不忍使弟死而无名，竟哭尸告吏自杀。呜呼，有此弟竟有此姊，非惟震惊一时，亦可流芳百世矣。

◇ 白 话

周朝时候，齐国有个人叫聂政，他为了严遂的事而甘当荆轲，去刺杀死了韩国来的丞相。韩国人把他抓住了，聂政想到自己在世上只有一个亲人姐姐了，而且母亲临终前屡屡叮嘱姐弟俩要相依为命、互相保护，想到自己如今被韩国人抓住，必定会连累了姐姐，于是便自己挑破了脸面、将眼睛挖出、刺破肚子肠肚流出而死了。韩国人将他的尸体挂在闹市上，悬赏千金想知道这究竟是何许人。这事被姐姐聂嫈听到后，哭着说："弟弟自己残戮，这完全是为了我的缘故呀！我岂能为保全性命而埋没了弟弟的名声，使他死后暴尸、死而无名！"于是她千里迢迢，一路奔赴韩国，果然见到了弟弟。她扑在弟弟的尸体上大哭，对旁边的看守说："杀韩国人的就是我的弟弟，坐不改名、行不改姓，轵地深井里的聂政就是！"说完，她也自杀陪弟弟而去了。

有此地亦有此姊，这样的事情，非但流传一时，而可以流芳百世了！

聂政姊荌，惧灭弟名。哭尸告吏，自杀轻生。

芒孟慈母

◇原 文

周，魏芒卯继妻孟阳氏，生子三。前妻五子皆不孝，母遇之甚厚，凡衣食起居，迥异乎己子，犹不孝。一日，前妻中子犯法当死，氏朝夕悲哀，竭力营救，魏王闻之，高其行，竟赦中子，自是五子皆亲附于氏。氏因以礼义率导之，八子均成名，为魏大夫。

中心慈爱，不在声音笑貌间；始终慈爱，不在一时勉强间，可谓贤矣。即五子终不改也，而众论自公。即众论不公也，而此心无愧。世之继母，尚念于斯。

◇白 话

周朝时候，魏国有个人叫芒卯的，前妻死了，他又娶了个后妻叫孟阳氏。孟阳氏为他生了三个孩子，前妻则留下了五个孩子，但五个孩子对这个继母都十分不孝顺。尽管孟阳氏对待他们非常慈爱，一切起居饮食吃穿用度甚至比对自己亲生的三个孩子都还要好，但这五个孩子仍然对后母不敬不孝。一次，前妻生的第二个孩子犯了罪，被判了死刑。那孟阳氏竟悲伤得日夜啼哭，又竭尽全力四处找人营救。这事被魏王得知了，连魏王都觉得这个孟阳氏做后妈真是做到仁义慈爱至尽了，因而十分赞许她的品行，便赦免了那个孩子的罪释放了他。从此以后，这五个孩子幡然醒悟，开始对孟阳氏敬爱有加了。孟阳氏又时常教育这八个孩子要礼义仁义，所以长大以后，这些孩子都做了魏大夫。

心中慈爱，不在于声音笑貌间；始终慈爱，也不在于一时半刻勉强之间。这才是真的贤德。天下做继母的，可以以孟阳氏为榜样矣。

慈母孟阳，前妻有子。犯法当刑，力救免死。

文姬保弟

◇ **原 文**

汉，赵伯英妻李文姬，太尉固女也。固为梁冀所杀，家属被收。少子燮为文姬所匿，密托固之门生王成，引燮入徐州，变姓名为酒家佣。酒家异之，以女妻燮。后遇赦还。文姬戒之曰：『先公为忠臣，虽死犹生。慎勿言及梁氏以掇祸。』燮从之，后为河南尹。李氏赖以安全。

◇ **白 话**

汉朝时候，有一个女子名叫李文姬，是当时太尉李固的女儿（太尉：秦至西汉时设置的全国军政首脑，辅佐皇帝的最高武官，汉代称大司马，与丞相、御史大夫并称“三公”）。李固为异党梁冀谋害死了，李家的所有男丁家属也要被牵连诛灭，李文姬便偷偷地将弟弟李燮（燮，音xiè）藏了起来，又秘密地托了父亲以前的学生王成，让王成将弟弟带到徐州去，改名埋姓在一个酒家里帮佣，借以存活了下来。后来李燮渐渐长大，那酒家的老板看李燮言行举止十分有气度，全然不像乡下粗俗人，便将女儿嫁给了他。再后来，朝廷终于肃清了反党，而李家也终于被平反免罪，李燮便从徐州回来了。但此时，他的姐姐李文姬仍然时时叮嘱弟弟，一定要谨言慎行，她说：“咱们的祖先们都是忠义淳厚之人，他们虽死犹生，仿佛还在看着我们这些做后辈的。弟弟你一定要谨慎做人，虽然我们家平反了，但千万不要重提梁冀他们一伙奸党的坏话坏事。小心别又惹出祸端。”李燮果然听从了姐姐的话，后来他做到了河南地方的高官，也 直平安无事。

赵李文姬，匿其弟燮。密托王成，得存奕叶。

◇ 原 文

魏，汝敦妻，广汉人。敦家富早孤，嫂贪吝，敦以所受田产，悉让与兄，留园田耕作。土中得金一器，以示妻，妻曰：『此金藏自先人，既让矣，不当复留。』乃与敦担金还兄。嫂初疑其来贷，不悦，见金大喜。兄恻然曰：『吾独何人，而让弟独为君子耶。』遂弃妻还金，与敦相爱如初。

◇ 白 话

三国时候，魏国有个叫汝敦的人，娶了个十分贤德的妻子。汝敦家很有钱，但父母早死，留下了大笔钱财大片宅屋。汝敦的嫂嫂是个贪心而吝啬的小人，汝敦夫妇俩看到嫂嫂贪得无厌，干脆就把家里的所有钱财宅屋都让给她了，汝敦的哥哥是个非常懦弱怕老婆的人，迫于老婆的淫威压力，明知这样做太没良心太过分，但也只好悉数接收了下来。汝敦便和妻子只留下了一些田地辛勤耕种着。一日，汝敦在园中挖土，忽然就挖出了一坛金子，他拿去给妻子看，妻子说："这金子是咱们的祖先藏在土里的，既然咱们说了祖先的一切钱财都给哥哥嫂嫂，那么这一坛金子也应当给他们。"于是，她便和丈夫挑着这坛金子去到哥哥家。那做嫂嫂的，一看他们来，以为是挑着担子讨要或借东西来了呢，脸色一下子难看极了，非常不高兴，但很快，这个贪心的女人便知道原来他们是来送金子的，又立刻喜笑颜开，忙着就要去抬金子。这时，汝敦的哥哥实在看不下去了，对比弟弟弟媳的德行，他心里实在又羞愧又气愤，凄恻地说："难道我就甘愿做个小人，而独独让弟弟做个君子，让世人都笑话我么？"一气之下，他把那个贪财又不明理的老婆休掉了。并亲自把金子还回给弟弟，从此，哥哥和弟弟两家十分和睦友爱，日子过得愉快而富足了。

汝敦之妻，恪尽悌道。与夫担金，还其兄嫂。

钟郝雍睦

◇ **原　文**

晋，王浑妻钟氏，弟湛妻郝氏，妯娌也，皆有德行，相亲爱雍睦，治家有礼。钟夫人为魏太傅繇之曾孙女，幼时即能文，稍长，博览群书，容止美丽，虽出身阀阅，并不以贵陵郝。郝亦不以贱下钟。时人称钟夫人之礼，郝夫人之法。

妯娌以异姓而处人骨肉之间，每因母家富贵贫贱之不同，而致构衅趋争，化同为异，乃兄弟之斧斤也。观于钟郝相处雍睦，浑然无迹，青史流芳，千古不朽，世之为妯娌者，盍以此为前事之师哉。

◇ **白　话**

晋朝时候，王浑娶了个妻子叫钟氏，弟弟王湛也娶了妻子叫赫氏。钟氏和赫氏成了妯娌，但这二人都是十分贤德明理的妇人，她们相处非常融洽，一齐和睦友爱地共同治家。其实钟夫人是魏太傅钟繇的曾孙女，幼时即已饱读诗文，博览群书，举止容貌都是地地道道的大家闺秀，但她并不因自己的出身显赫而看不起赫夫人，而赫夫人，虽然出身贫寒，但也并不因自己身世不如钟夫人而自惭形秽，或曲意迎合奉承钟夫人。当时人人都称赞这一对妯娌真是难得。

一般来讲，妯娌作为外人处在同一家中，常常会因娘家富贵还是贫贱而生出嫉妒吃醋争风心理，本来和睦友爱的兄弟，也往往可由妯娌的挑衅争执而产生不和、嫌弃。钟氏和赫氏却能亲密无间、友爱雍睦，真是世上所有为妯娌者的榜样呀！

钟郝娌娌，雍睦相亲。
贱不下贵，富不骄贫。

◇ **原　文**

唐，和政公主下嫁柳潭。安禄山陷京师，其姊宁国公主方嫠居，主乃寄三子于所亲，以马乘宁国，自与潭徒步驱之，日跋涉百里，潭供薪水，主供炊涤，以事宁国，卒免于难。肃宗有疾，主侍左右甚谨。诏赐田，以女弟宝章公主未有赐，固辞让以与宝章，帝从之。

和政恩抚孤侄，远避朝权，授矢平贼，仗义谕盗，输财助国，上疏恤民。怜布思之妻，策社稷之计，诏馈一无所取，善行不可悉述。余取其友爱，以愧姊妹之薄者。

◇ **白　话**

唐朝的和政公主，嫁给了柳潭做妻子。安禄山造反的那一年，京城被攻破，和政公主的姐姐宁国公主的丈夫战死了，宁国公主十分悲伤。和政公主便毅然将自己的三个孩子寄居在亲戚家，自己和丈夫一起赶到宁国公主那里，将宁国公主从沦陷的京城里救了出来。逃离京城的路上，和政公主又把仅有的一匹马让给了宁国公主骑，自己和丈夫跟着马步行，每日长途跋涉，但从不叫一声苦和累。一路上，柳潭打柴汲水，和政就烧火做饭，服侍着姐姐宁国公主，终于，三人非常艰辛地走到了目的地而幸免于难。后来平定安禄山叛贼之后，肃宗做了皇帝，和政公主又很小心地服侍着肃宗皇帝，皇上病好，要赏赐和政公主良田百亩，但和政公主想到妹妹宝章公主还没有田地，便恳求皇上转赐予宝章，肃宗答应了。和政公主真是十分友爱姐妹啊！

其实和政公主的嘉德不止这些。平时，她就远避朝权、授矢平贼、仗义谕盗、输财助国、上疏恤民，真可谓是一位非常了不起的女子！在这里只讲了她友爱姐妹的美事，不过是为了警醒那些姐妹兄弟之情情薄者。

和政公主，敬事嫠姊。肃宗赐田，让与妹氏。

◇原 文

唐，李光进之弟光颜先娶，母委家事于颜妻。及进娶妻，母已亡。颜妻即计曩时出入，归管钥于冢妇。进妻谓进曰：『君兄弟素友爱，今妾初来，即令归管钥，恐家庭从此生嫌矣。』进遂反管钥曰：『弟妇事姑有年，姑命主事，历年无失，不可改也。』

◇白 话

唐朝时候，有两兄弟名叫李光进、李光颜。弟弟李光颜先娶了妻子，李母便叫光颜的妻子掌管家里大大小小的事，并把所有钥匙都交由她管。后来，哥哥李光进也娶了妻子，而这时，李母已去世了。光颜妻便做好了一套项目很详细的明细账，详细罗列好家中大大小小的进出账及事务，并和家里的所有钥匙一起，交到李光进妻子那里，说："现在母亲已去世，理应由长房嫂嫂来管家才是。"李光进的妻子却连连摆手，说："李家兄弟向来团结友爱，我刚来，你们就要归还钥匙让我来管家，这不是明摆着让人以为我们不信任你们吗？何必让人以为你们兄弟之间有嫌隙呢？何况，这些年弟妹管理家庭从未出过纰漏，把家管理得十分好，又何必再换人呢？"这一对兄嫂弟妹，真是明理友爱之人啊！

李光进妻，冢妇后归。
反娣管钥，慎睦闺闱。

◇ **原　文**

唐，张孟仁妻郑妙安，仲义妻徐妙圆，皆敦义睦。徐富郑贫，各忘形迹，从不以事介嫌。恒一室纺织，有所馈，俱纳于姑，不私为己有。郑归宁。徐乳其子，徐归宁，郑亦如之，不问孰为己子，子亦不辨孰为己母。家猫为人窃去，犬哺其儿，人谓和气所感。上表其门曰：『二难』。

◇ **白　话**

唐朝有两兄弟：张孟仁和张仲义，他们的妻子郑妙安和徐妙圆，都是十分明理贤义的人，所以一家人生活得十分友爱和睦。徐妙圆的娘家富而郑妙安的娘家贫，但这一对妯娌从不会有所区分计较，所以也从来没有嫌隙不和的事发生。她们同在一个屋子里纺纱织布，得到了任何好吃的好用的，都会悉数拿到婆婆屋里去，从不会私下里藏起来一些，或占为己有。平时，若郑妙安要回娘家，徐妙圆就把嫂嫂的孩子当成自己的孩子抚育，给孩子喂奶；反过来，徐妙圆要回娘家，郑妙安也会这样做，他们从不会区分哪个是自己的孩子哪个不是，加上平常大家也共处一室不分彼此，所以搞得孩子们也分不清哪个才是自己的母亲了。结果有一年，张家的猫产下猫仔后，母猫被人偷走了，而张家的狗竟然会过来哺育那小猫仔，人人都惊讶地说："这一定是张家妯娌的和气感染了家里的猫狗呀！"这事连当朝皇帝也听到了，便写了两个字旌表她们，那两个字是：二难。

妙安妙圆，共忘形迹。
奉姑乳儿，各无私积。

余陈让产

◇原 文

宋，余楚继妻陈氏，生子翼。三岁而楚死，陈氏尽以其产与前妻二子，谓翼曰：『彼无母，勿以此为争也。』翼年十五，使游学四方，氏穷窭，几无以自存。翼在外十五年，成进士归，迎母入官，氏闻前妻二子贫困，收养而存恤之。

吕坤曰：继母每私其所生，能均产业，足矣，况夫产尽让前子，既贫而又恤之，即亲母何加焉。

◇白 话

宋朝时候，有一个人名叫余楚，前妻死后，续娶了一个妻子叫陈氏。陈氏为他生了一个儿子名余冀。余冀三岁的时候，余楚死了，陈氏便将家产全部让给了丈夫前妻所生的两个孩子，又对自己生的儿子余冀说：“你的二个哥哥没了母亲，很可怜，把家产都给他们，也是应该的，你以后不要和他们争夺。”余冀果然很听母亲的话。等到余冀十五岁时，陈氏又深明大义，让他到外游学攻读去，自己则在家过得孤独穷苦，几乎到了不能活下去的地步。这样一直过了十五年，余冀终于不负母亲的期望，中了进士当了官，回家来迎请母亲享福去，而此时的陈氏，看到她丈夫前妻所生的那两个孩子仍然贫困潦倒，便又把他们当自己亲生的儿子那样收留在身边照顾抚养了。

吕坤说：当继母的，往往是偏爱自己亲生的孩子，能均分产业、平等对待，已很难得，何况能做到将全部家产让给前妻所生的孩子，又何况在前妻孩子贫困时继续抚育照顾，即使就是亲生母亲，也难以做到这么仁至义尽呀！

余楚继妻，让产前子。教翼远游，辛成进士。

◇原文

宋，王木叔甚贫，妻何氏，永嘉人，勤俭佐夫，家用遂饶。一日，语夫曰：『子可出仕，弟妹贫寒，余资久蓄何益，请以与之。』木叔曰：『是吾志也。』旦日尽散，簪珥不遗。木叔既仕，何氏又曰：『弟妹尚困，有田如许，何不畀之。』夫喜曰：『此尤吾志也。』尽以田与弟妹。一郡称为贤妇。

吕坤谓憎同室而专货利，妇人莫不尔。欲其彼我分明已难，况尽推所有以与弟妹乎。况其家素贫，因何氏勤俭佐夫，渐渐积蓄，而始得此所有乎。

◇白话

宋朝时候，一个叫王木叔的人，家里很贫穷，他娶了一个妻子何氏，却是个又勤俭又会持家的好女子，因此，有这样的好妻子辅佐帮持着，王木叔家便渐渐地殷实、富足起来。一日，何氏却对王木叔说："你是个有抱负的人，你还是努力出去做官吧。我们家已有不少积蓄，弟弟妹妹们却贫寒着，就将积蓄都送给他们，好吗？"王木叔心里可高兴了，连声说："这正是我想讲而不敢开口讲的啊！"于是第二日起来，何氏就把自己家的积蓄全都送给弟弟妹妹们了，连一支簪子一对耳环都不留下。不久，王木叔果然就觅了个官，何氏随丈夫要离家上任了，临走时，她又说："弟弟妹妹们还是过着贫穷的生活，我们家有好些田地，干脆，也全送给他们吧。"王木叔大喜过望，说："这也是我一直想做的。"于是，何氏便将家里的田地都均分给他们了。那个地方的人，无不称颂何氏真是个贤德友悌的好女人。

吕坤说：一般人都恨不得没有兄弟姐妹来与

自己相争钱物财产，最好家产都一人独得，尤其是妇人的心，更是狭隘贪婪如此。一般人，能平均分配财物已难做到，何况将自己的东西尽数赠给弟弟妹妹们呢，更何况，像何氏，她是自己辛勤劳动持家得来的家业积蓄，却能做到尽力帮助着弟妹们，更是难得中的难得了！

王妻何氏，勤俭积资。弟妹贫困，尽以与之。

◇ **原 文**

宋，廖忠臣妻欧阳氏，舅姑死疫，遗一女名闰娘，才数月。氏适生女，同乳哺之。乳不给，乃以其女分邻妇乳，而自乳闰娘。凡有食物，必倍厚之，久之，女亦自甘退让。及笄，人每求其女，氏必以小姑未字辞，卒以富贵家先闰娘，罄其妆奁之美者送之，送女之具不及也。

◇ **白 话**

宋朝有个人名叫廖忠臣，娶了个妻子名叫欧阳氏。欧阳氏的公公婆婆都死于一场瘟疫，公公婆婆遗留下一个女儿叫廖闰娘，才几个月大。而此时的欧阳氏，也生下了一个女儿，因此，欧阳氏就将才几个月大的小姑子廖闰娘和自己的女儿一并抚养着，给她们奶吃。没承想，奶水不够两个孩子吃，欧阳氏便将自己的亲生女儿送给邻居的妇女喂奶去，而自己却精心哺育小姑子廖闰娘。两个孩子稍长大点后，所有食物，欧阳氏会多分好多给廖闰娘，久而久之，她自己亲生的女儿也自知要退让了。两个女孩子都长大后，好多人来向她的女儿提亲，但欧阳氏却回答所有来提亲的人说："我的小姑子还没出嫁呢。"甚至，每当有好人家来提亲，她都先想着廖闰娘，让她去见来人。后来，果然廖闰娘先找了个好人家，出嫁时欧阳氏给闰娘备了丰厚的嫁妆，等到她自己的女儿要出嫁了，那嫁妆可就只能拿出一点点啦。

廖妇欧阳，小姑闰娘。
乳哺送嫁，贤嫂名扬。

邹媖引过

◇ **原 文**

宋，邹媖为继母之女。前母兄娶荆氏，继母虐之，媖辄掩护，后嫁士人，内外称其贤。及归宁，抱数月儿，嫂置诸床，儿堕火，烂额死。母大怒。媖曰：『女自卧儿于嫂室，嫂不知也。』荆悲悔不食。媖不哭，且曰：『我梦儿当死也。』强嫂食而后食。后生五子，四登进士。年九十三而卒。

◇ **白 话**

宋朝时候有个女子名叫邹媖，她有一个哥哥，是前母生的。哥哥娶了荆氏做妻子，邹媖的母亲经常虐待荆氏，邹媖便每次都护着嫂嫂荆氏。后来邹媖也嫁人了，里里外外都很贤德和气，大家都对她称赞有加。一次，邹媖抱着自己才几个月大的孩子回娘家来，她的嫂嫂荆氏抱了孩子在床上玩，没承想，也不知怎么搞的，那孩子掉到床边的火塘里，烧烂了额头，很快就死了。邹媖的母亲大怒，本来平时就对荆氏不好，这下还不得把她杀了。这个邹媖，很快便想到了嫂嫂的处境，便忍着悲痛，对自己母亲说：“是女儿自己抱了孩子到嫂嫂屋里玩的，这事与嫂嫂无关，嫂嫂完全是不知情的。”而做嫂嫂的荆氏，听到小姑子邹媖这样说，更加悲伤，觉得太对不住邹媖，便绝食以表后悔。邹媖又走到嫂嫂屋里，强忍着伤心和眼泪，说：“孩子既然死了，人死不能复生，但嫂嫂要爱惜身体。这孩子，我几天前就梦见他要死的，这或许是命中注定的事。”于是，她一定要嫂嫂吃饭，嫂嫂最终也听了她的话。后来，这个贤德的邹媖，很快就连着生了五个儿子，其中四个都中了进士，她本人也平安活到九十三岁才去世。有人说，这是老天回报善人邹媖呢，让她多寿多福多贵子。

宋有邹媖，引过护嫂。四子登科，富贵寿考。

茅曹敬爱

◇ **原 文**

明，谭宗胜妻茅氏，多病无子，劝夫以继室礼娶曹氏。谭从之。曹见茅，问为谁，谭给之曰：『嫂也。』曹遂敬奉汤药不懈。后见夫持茅手脉，视而泣，曹乃以礼谏，谭不得已以实告。曹曰：『吾失礼多矣。』亟走拜茅床下。茅惊，答拜曰：『屈君若，我何能安。』固逊，遂以姊妹序齿。

◇ **白 话**

明朝时候，谭宗胜的妻子茅氏，身体多病，不能生育，茅氏就劝丈夫不如再娶个妻子，以便续家中的香火。看到妻子如此深明大义，谭宗胜便真娶回了曹氏。曹氏刚到家里来，见到茅氏，问谭宗胜这是谁，谭宗胜不知出于什么心理，就骗她说：“这是我的嫂嫂。”曹氏便以对待嫂嫂的礼节侍奉着茅氏，端汤奉药，十分周到细心。但不久后，有一回她无意中看到丈夫拉着茅氏的手，相视而哭，曹氏便暗地里规劝丈夫，要守叔嫂间的礼节，不能逾礼无规矩。谭宗胜不得不把实话告诉了曹氏，说那其实是自己的结发妻子。曹氏一听，连声说：“我不知原因，那一直多有失礼呀！”便急急走到茅氏屋里，一下子就跪在床前。茅氏吃了一惊，连忙下床相扶，说：“娶你到家来，让你多有委屈了，我心里还过意不去呢。你礼重如此，我哪能心安呀！”便也要回跪。曹氏才急忙起身相扶。如此一番，两个女人都十分谦逊礼让。以后，她们便干脆按年纪的大小以姐妹相称了。

茅氏多病，劝夫妻曹。
曹拜床下，感动年高。

穗女抚弟

◇原　文

明，陈穗女，年十八，父母殁，二弟长者六岁，少者五岁。亲族利其有，日眈眈于旁。女矢志抚弟。置帚数十，具酒食以待。寒夜，族兄弟乘黑叩门，女燃帚启户，款以酒食，皆大惭。诡曰：『吾辈夜行，火灭求烛耳。』自此遂绝意。及二弟毕婚，年四十五，乃嫁。无子，二弟迎养终身。

陈女所处之境，伶仃孤苦，岌岌可危，稍不谨慎，祸即随之。乃矢志抚弟，预防周至，非但不示人以隙，且令其感愧以去，化险为夷，保全门户，可谓女中丈夫矣。

◇白　话

明朝有个女孩叫穗女，十八岁时，父母都死了，两个弟弟，一个六岁，一个五岁，家中除三姐弟外再无大人。乡中的族人知道穗女家里有些钱物，竟然欺负他们年纪小，日日虎视眈眈想来偷抢。穗女早看出族人的歹意，便暗暗发誓一定要抚养好弟弟，并且要保全好门户。等看出那帮歹人想来动手时，她就暗暗预备了几十个火把，又置办了一桌丰盛的酒席，等着那帮族人到来。那夜天寒地冻，那帮歹人果然乘着月黑天高来敲门了。穗女迅速点燃几十支火把，将家照得一片通明，又端出那一桌好酒好肉，热情地招呼那帮族人趁热吃。看到这番情景，那帮本来想来打劫的族人都愣住了，既而感到脸热心跳，非常惭愧，便谎称说，他们是夜里赶路，火把灭了，想来借个火。穗女心知肚明，但也不露声色，只热情地招呼族人吃肉喝酒。从此，那帮人再也不好意思打他们的主意了。等到抚育大两个弟弟，又给他们一一娶了妻，穗女这才去嫁人，而这时她已四十五岁了。穗女没有生孩子，两个弟弟便将姐姐接回家中，悉心养奉她到老。

穗女所处之境，孤苦伶仃，岌岌可危，稍有不慎，就保全不了自己的家门，但她以十八岁的年纪，竟能小心周全，不让坏人有一点可乘之机，聪明智慧，有勇有谋，更能让坏人也良心触动、感愧而去，真可以算得上是女中丈夫了！

穗女抚弟，置帚具酒。族叩夜门，款之愧走。

欧冯均产

◇ 原 文

明，欧公池妻冯氏，顺德人。公池有两兄，皆庶出，父分产，欲厚公池。冯氏请曰：『嫡子庶子为父母服，有差等乎？』欧父曰：『皆三年。』冯曰：『三子皆翁所生，服既无别，分产可有别乎？若是非妾所愿，亦非后人福也。』欧父嘉叹而从之。

父母爱幼子，常情也，况公池又为嫡子乎。父分产欲厚嫡子，而冯氏乃以嫡庶服之无别，明分产之不可有厚薄，冯氏此言，知礼达义，对于翁则孝，对于夫则悌，诚可以为后世法矣。

◇ 白 话

明朝有个欧公池，娶了个好女人冯氏。欧公池有两个哥哥，都是庶出的（妾生的）。父亲给他们兄弟三个分家产，想到欧公池是最小的，又是正出（正出：发妻、正室生的），便想多分一些给他。没想欧公池的妻子冯氏看了，便委婉地对公公说："正出的和庶出的儿子，若给父亲守孝，服孝期有区别的吗？"公公回答说："当然没区别了，都是三年。"冯氏便说："他们兄弟三人都是公公您的儿子，既然服孝期没有区别，那么分家产又为何有区别？公公您那样做，我认为不大好，也不是我们做后辈的福气呀！"欧公池的父亲听了后，心里十分佩服儿媳妇的贤达孝悌，连连嘉叹，便十分公平地分了家产。

父母对正出的子女有点偏心，似乎是人之常情，家产多分一点似乎是无可厚非的。但冯氏却知礼达义，劝家翁应心无厚薄，她这实际上是做到了孝翁悌夫了，真可以为后世女子做楷模。

冯氏问翁，嫡庶之别。服等产均，欧父大悦。

◇ **原　文**

汉，第五伦，字伯鱼，峭直无私，自郡守以清节著，擢为司空。或问伦曰：『公亦有私乎。』对曰：『昔有人与吾千里马者，吾虽不受，每三公有所选举，心不能忘，而亦终不用也。吾兄子尝病，一夜十往，退而安寝。吾子有疾，虽不省视，而竟夕不眠。若是者，岂可谓无私乎。』

◇ **白　话**

汉朝时候，有个人名叫第五伦，是个正直无私、清廉自守的人。他做司空的时候（司空：本为主管工程的官吏，西汉成帝时改御史大夫为大司空），有人问他："你可有过私心？"他回答说："我哪敢说自己没有一点私心呀！以前有个人送了一匹千里马给我，我虽然没要，但每次朝廷里让三公推选荐举人才的时候（三公：丞相、御史大夫和太尉合称三公），我心里其实都没有忘记他，不过他始终没被任用罢了。还有，我哥哥的儿子病了，我虽然一夜可以十来次往返去探望他，但一回到寝室，我就安然地睡了，而若我自己的儿子生了病，我哪怕没去探望，但心里，哪一刻能够放得下？我自己的亲儿病了，那是日日夜夜无时无刻不记挂着的呀，哪里还能安然入睡？所以，您看，我哪里敢自称是个没有一点私心的人呢。"

汉第五伦，友爱无两。
兄子病时，一夜十往。

郑均悟兄

◇ 原文

汉，郑均兄为县吏，颇受礼遗，均数谏不听，乃脱身为佣，岁余，得钱帛，归以与兄曰：『物尽可复得，为吏坐赃，终身捐弃。』兄感其言，遂为廉洁。均好义笃实，养寡嫂孤儿，恩礼备至。再迁尚书，数纳忠言，肃宗敬重之，东巡过均舍，赐尚书禄终其身，人号为『白衣尚书』。

◇ 白话

汉朝时候有个人名叫郑均，他的哥哥做了县吏，却常常收受人家的贿赂，经常贪财做些违法枉纪的事情。郑均很为哥哥着急，屡次规劝哥哥当官不能这样做，但哥哥都不听。没法，郑均便想出一计，他换上了短装到外面打工帮佣去了，一年多后，他拿着一些辛苦挣来的为数不小的钱物来到哥哥面前，将这些钱物都给了哥哥，说：“钱物用完了，是可以再用劳动去换来的，若是做官贪钱犯了法，那可就是一生的名誉都毁了呀！”他的哥哥这时才有所感悟，十分羞愧，从此再不敢胡作妄为贪赃枉法了。郑均也是个仁义笃实的人，后来哥哥死后，他又悉心养奉起嫂嫂和侄儿来，恩礼备至，孝悌有加，任何人都称赞他真是一个难得的好人。不但如此，他做尚书的时候，还敢直言劝谏皇上，那时候的皇上肃宗皇帝很是信任赏识他，东巡的时候，亲自上郑均家里看望，并赏赐他不做尚书时仍可终身享受尚书一级的俸禄，所以，人们都称他为“白衣尚书”。

郑均为佣，爱兄真切。
兄感其言，遂为廉洁。

◇原　文

汉，薛包至孝。父娶后妻而憎包，屡逐之，庐于里门，晨昏不废。亲没，弟子求分异，包不能止，乃分其财。奴婢引其老者，曰：『与我共事久，若不能使也。』田庐取其荒顿者，曰：『吾少时所理，意所恋也。』器物取其朽败者，曰：『我素所服食，身口所安也。』弟子数败其产，辄复赈给。

李文耕曰：包于财产，让美取恶，视世之重财产、轻骨肉者，何啻霄壤！

◇白　话

汉朝有个人名叫薛包，生性十分孝顺。他父亲娶了个后妻对薛包十分不好，时常将他赶出家门。薛包也无怨恨，便在附近找了个地方住下来，但一早一晚仍旧像以前一样去给父母问候请安，十分恭谨有礼。等到父母亲都去世了，薛包的那些弟弟们便提出要分家产，薛包屡劝不止，只好分了家。他主动提出自己只要家里的老的奴仆，说："老人与我相处久了，恐怕你们都用不习惯。"又主动要了荒田薄地，说："这是我从年少时就打理耕作的田地，对它们有感情了。"衣物用具他也只要了又破又旧的，说："我一直以来都用着它们，用得很顺手顺心了。"于是，他的弟弟们便都用上了好的新的东西，钱财也比薛包多得多。但很快地，这几个浪荡子花光了积蓄，毁坏了物品，变得十分贫穷了。这时，勤俭致富的薛包，反而又回过头来救济他们。

李文耕说：薛包对待财产，让美取恶，比起世上重财产而轻骨肉感情的人，真是天壤之别呀。

薛包亲没，任欲分居。推美取恶，不受名誉。

◇ 原 文

晋，颜含字宏都。兄畿得疾，死复活，累月犹不能语。含绝弃人事，躬亲侍养，足不出户者十有三年。次嫂樊氏，因疾失明，医方须蚺蛇胆，遍求不获。含忧叹累日，尝昼独坐，忽有青衣童子，持一青囊授含，开视，乃蛇胆也。童子出户，化青鸟飞去。嫂病得愈。含后拜侍中。

◇ 白 话

晋朝有个人名叫颜含，他的哥哥叫颜畿（畿，音jī），颜畿生了病已经死了，但没承想又开棺复活，气息甚微，好几个月都不能说话。颜含便屏绝了一切人事应酬，亲自侍养起哥哥来，几乎做到了足不出户，这样一侍养就是十三年。颜含的第二个嫂嫂樊氏，得了眼疾，双目失明，医生开方子说，必须要有一味蚺蛇胆入药才见效。颜含便又四处寻找蚺蛇胆，可到处寻求问询都找不到。于是颜含十分伤悲，经常叹息，忧心忡忡，独坐昼夜。一天夜里，他又在叹息，忽然就看见一个青衣的童子，拿着一只青色的袋子走了进来，那童子将袋子交给颜含，示意他打开来看。颜含开袋一看，正是蚺蛇胆呀！正要谢童子，只见那童子已出门，变成一只青鸟飞走了。樊氏吃了有蚺蛇胆的药方后，眼病果然好了，双目重见光明。后来颜含还当了侍中(侍中：随侍皇帝左右，侍应杂事的官)。

颜含兄疾，侍养诚虔。
足不出户，一十三年。

◇原 文

晋，赵彦霄与兄彦云，亲丧，同爨十二年。彦云浪游废业，彦霄谏不听，遂求分析。越五年，兄产荡然，逋负盈门，渐欲逃亡。彦霄因置酒迎兄嫂饮，告曰：『弟初无分爨意，以兄不节用，敬为守先业之半，今请归，仍主家政。』即取分券，火之，出所蓄，偿诸负。兄惭，遂改过焉。

此等处全要纯是一片恻怛至诚，才得泯然无迹，两两相忘。若有纤毫介介，便触人心目，兄嫂受之，亦决不能安矣。

◇白 话

晋朝有两兄弟，叫彦霄、彦云，父母死后，兄弟俩在同一个锅里吃饭有十二年，手足情深。但后来，哥哥彦云学坏了，喜欢到处游荡，不务正业，正当职业也荒废了，彦霄苦口婆心屡屡规劝哥哥要改邪归正，但哥哥都不听。于是彦霄便提出分家。两兄弟分了家以后，又过了五年，哥哥彦云的所有家产都花光了，还欠下了许多债。那些来讨债的人，差不多把他的门槛都踏坏了。而彦云深知自己断断无法还清债务的了，便打算逃走算了。这时，彦霄便置办了酒席，把哥哥嫂嫂接到家中来，酒席间，彦霄说：“我起初并没有要和哥哥分家的意思，只因哥哥太不知道节俭太会挥霍了，所以提出分家，那实际上是我想保留住先人遗留下的一半产业呀！现在，我想把我保留的一份归还了，因此请哥哥嫂嫂仍然主持家中的一切，仍然当这个家。”说完，他便拿出当初的分家明细账目，放到火炉里烧掉了。又拿出了自己的积蓄，给哥哥偿还了债务。这一切，彦云都深受教育，心中惭愧万分，从此，这个浪荡子终于改过自新，重新好好地做人了。

彦霄做到这个份上，心里要全是一片恻怛至诚，才能浑然无迹，若有一丝一毫私心做作，那都会使兄嫂难堪而不能心安。

彦霄析箸，兄产荡然。置酒焚券，迎兄归焉。

◇ 原 文

北魏，杨播字符休，弟椿津并敦义让，昆季相事如父子。播性刚毅，椿津恭谦，兄弟聚于堂，终日相对，未尝入内。有一美味，不集不食。厅堂间往往帷幔隔障，为寝息之所，时就休偃，还共谈笑。一家之内，男女百口，缌服同爨，庭无闲言。

◇ 白 话

北魏时候，有三兄弟名叫杨播、杨椿、杨津，这三个人都敦厚仁义，恭谦礼让，彼此相待，敬爱如父子。他们兄弟三人，终日聚集在大厅里，谈笑宴宴，凡事相商，都很少回内房里去的。只要有一些好吃的，或得到皇上赏赐的东西，这三个弟兄都会聚集在一起分享，要有一个人没在场，其他二人都不会先享用。他们厅堂里挂着门幕和帐帘，那是他们共同的休憩之地，他们累了就在帐帘里休息一下，都舍不得回家而离开弟兄。杨家一家人，男男女女共有一百多口，五服以内（五服：旧时丧服制度，以亲疏为差等，有斩衰、齐衰、大功、小功、缌麻五种名称，统称“五服”。这里指由亲到疏的一定范围），都在同一个锅里吃饭，而从未有过一句口角，真是少见的和气孝悌之家呀！

杨播昆季，寝息厅堂。
终日相对，不入内房。

杨津敬长

◇原　文

北魏，杨津年过六十，与兄椿并登台鼎。津犹旦暮参问，子侄罗列阶下，椿不命坐，津不敢坐。椿出未归，津不先食。食则亲授匙箸，味皆先尝，椿命食始食。椿或他处醉归，津扶持还室，仍假寝阁前，承候安否。初，津为州守，椿在京，每四时佳味，辄遣使寄，未寄不先食。

观于杨津之敬兄，恭至极点，无以复加，上下数千年间悌弟，当推杨津为第一。四时果物之微，必先寄后食，非但不寄则不食，且未寄尚不食焉。而椿亦每得所寄，辄对之泣下，宜兄宜弟，其斯之谓欤。

◇白　话

北魏时候的杨津，年过六十，和他的哥哥杨椿一同做了三公的大官。杨津每天的早晚，都会到哥哥那儿去问安，带着子侄恭敬罗立于阶前。平常哥哥要不叫杨津落坐，杨津是不敢坐的。杨椿要是到外边去了，还没回家，杨津也不敢先吃饭。吃饭的时候，杨津会亲自拿了调匙筷子送给哥哥，杨椿叫吃他才敢吃。杨椿在外边喝醉了酒，回家来，杨津会赶紧扶着哥哥到卧室休息，自己则在外间的厅堂前坐着打盹，只怕哥哥醉中是否安适是否有什么需要帮助。以前杨津在外边做太守，而杨椿在京城里做官，每逢得到四时的佳味，杨津是一定差人送回一些给哥哥的，没有送到哥哥手里之前，他必定不肯先吃。而杨椿每次收到弟弟寄送来的佳味，也是泪流感动。

看杨津的敬兄，真是敬爱恭谨到了极点。这真是一对世上少见的好兄弟呀！

杨津老年，犹尽弟职。
假寝阁前，物不先食。

◇ **原　文**

北齐，苏琼累官清和太守，郡多盗贼，及琼至，奸盗止息。民有乙普明兄弟争田，积年不断，各相援据，乃至百人。琼召谕之曰：『天下难得者兄弟，易求者田地，假令得田地，失兄弟，心如何？』因而下泪。诸证人莫不洒泣。普明兄弟叩头乞外更思，分异十年，遂还同住。

苏琼提出良心真处，恳款悟之，而普明兄弟一朝顿悔，正孟子所谓『紾兄之臂，教之以孝弟者，天性之良之不能终绝』。

◇ **白　话**

北齐时候，苏琼做了清河的太守（太守：又叫刺史，原为巡察官名，东汉以后成为州郡最高军政长官）。那个地方的盗贼很多，苏琼去了后，管理有方，盗贼等人便渐渐地少了。其间有一对姓乙叫普明的两兄弟，这两兄弟争夺田产，打起官司来，已经有好多年了，各自找证人拉援助团，致使团里都有上百人了。这事被苏琼知道了，他便把乙普明两兄弟和各自的见证人都传叫来，一下子来了百多人，浩浩荡荡站在大堂上。苏琼便对着大家说："天下最难得的是兄弟，最容易得到的是田地，即使官司赢了，得到了田地，但失去了兄弟，你们难道不觉得难过？心里会怎么感想？孰重孰轻，相信你们会有个判断的。"说完这些，苏琼情之所至，禁不住自己也流下泪来。一班见证人没想到这个当官的如此动情，又对他的话有所感触，便也暗自流泪。乙普明兄弟俩更是又羞惭又感动，对苏琼倒头便拜，叩头谢过罪，就一同到外头和解去了，因争端而分离了十年的兄弟，因了苏琼的开导，最后终于住到了一起。

苏琼从良心真处出发，恳切款款使普明兄弟顿悟，可见只要触人真情，人心是会转变成善美宽爱的。

苏琼听讼，激发天良。普明兄弟，和好如常。

◇ **原 文**

陈，王元规年十二，土豪刘填资财巨万，以女妻之。母以幼弱，欲结强援。元规曰：『姻不失亲，古人所重。岂可婚非类。』母感而止。时有暴水流漂居宅，元规惟一小船，仓卒引母妹并孤侄入船，自执楫棹而去，留其男女三人阁于树杪，及水退获全。人皆称其至行。

许止净曰：婚姻之道，所贵择贤尚德，而世之尚财帛、求攀援者比比。然而强宗之女，性多骄恣，甚至陵辱其夫，及其舅姑，此时悔之晚矣。董叔系援，可为殷鉴，元规幼年能见及此，可谓大雅不群矣。

◇ **白 话**

陈朝时候，有个十二岁的孩子名叫王元规。那个地方有个土豪，家里很有钱，看出王元规必定是个大有作为的人，就想让自己的女儿和王元规定个娃娃亲。元规的母亲觉得自己家势单力薄，结门强势的亲家岂不正好，便欢喜地应承了下来。没承想，小小的王元规却对母亲说：“从前圣人说过，可以亲近的人，才可以去依靠他，这是古人非常重视的。我们又怎么可以和格格不入的土豪巨霸们联姻呢？”母亲觉得儿子的话说得有理，就把那个土豪家的亲事回绝了。后来，王元规果然找了个相匹配的和善敦睦人家结了婚，生下了三个孩子。有一回，那个地方发大水，把房屋也冲垮了，死的人不计其数。王元规只有一只小小的船，他便匆匆忙忙领了母亲和妹妹及另一个没了父亲的侄儿，上了小船，赶紧划到安全的地方，而他的三个孩子则放在一棵大树树梢上面。等到水退后，王元规才能驾着小船回来，只见那树梢上的三个孩子，竟然毫发无损，安然无恙地在那里呢！人家都说，那是因为王元规有好品行，所以他及他的家人都得到了上天的保佑。

许止净说，婚姻要择贤尚德，但世人往往只向往金钱财物，从不关心骄奢横蛮家庭出来的女子，多有娇骄放纵，甚至打骂丈夫公婆，等到娶回家来才“悔之晚了”。元规小小年纪就能明白这点，真是明心见性卓尔不群呀！

元规避水，引妹与侄。子女三人，不遑保恤。

君良出妻

◇原 文

隋，刘君良四世同居，斗粟尺帛无所私。大业末，荒馑，妻劝其异居，因易置庭树鸟雏，令斗且鸣，家人怪之。妻曰：『天下乱，禽鸟不兼容，况人耶。』君良即与兄别处。月余，密知其计，因斥去妻，曰：『尔破吾家。』召兄弟，流涕以告，更复同居。都人共依之，众筑为堡，因号『义成堡』。

考何椒邱为太守，有兄弟因析居相讼，何公察之为内谗，以诗判云：只因花底莺声巧，致使天边雁影分。泣随笔下，兄弟俱悟，乃不谓竟有令鸟斗以求分者，是巧之又巧矣，宜君良之几堕其计中也。

◇白 话

隋朝时候，刘君良家里四代同住，人人和睦相处，就是一斗米一尺布都归公，没有一个人会在私下里藏一点点的。大业末年的时候，年成饥荒，民不聊生，君良的妻子便劝丈夫干脆把家产分了，分开了家他们的日子会好过一些。但君良没听自己老婆的话。这个妇人屡屡劝丈夫，丈夫都没听，便心生一计。她偷偷地把门前两棵树上鸟巢里的小鸟互相调换了，等母鸟回到巢里，发现不是自己的孩子，两边的鸟儿便都鸣叫起来，互相斗着，叫着，乱作一团。家里的人见到鸟又斗又叫，都很奇怪，还有些惊慌，这时，这个妇人就放出话来，说："天下要乱了，连禽鸟都不相容，何况是人呢，这表示我们得分开家过才可躲过荒年呀！"这种景象确实令人纳闷惊慌，刘君良和他的弟兄们听了这种谣言，想想也对，便真的分了家。一个多月后，君良无意中知晓了原来这一切都是妻子导致的，是妻子的阴谋，非常气愤，一气之下就把妻子赶出了家门，说："你破坏了我的家。”一面又赶紧找到兄弟们，哭着说明了事情真相，兄弟们又和好如初，并亲密无间地同住在了一起。其他族人知道这事以后，便纷纷在他们家边上建了房屋居住，很快就形成了一个很牢固很团结的家族小部落，起了个名叫“义成堡”。

曾经，何椒邱做太守的时候，有对兄弟也是因分家而争上公堂，何公调查后知道是各自的妻子起了谗言而破坏了兄弟间的感情，便判诗说：“只因花底莺声巧，致使天边雁影分。”借以讥讽世人所有不和皆由内出，那对兄弟见诗幡然醒悟。没承想，刘君良妻竟以令鸟斗来离间一家和气，真是更费尽心机呀！难怪君良要逐妻出门了。

刘君良氏，四世同居。其妻离间，痛恨驱除。

◇原文

唐，韦嗣立，字延构，与其兄承庆异母，性友悌。母每笞承庆，嗣立辄解衣求代，母不听，即遣奴自捶，母为感悟。人比之为晋时王览焉。及嗣立为莱芜令，太后召见曰：『卿父常言有两儿堪事陛下，卿兄弟在官，诚如卿父言，朕以卿代兄，更不用他人。』即日拜凤阁舍人。

◇白话

唐朝的韦嗣立，和他的哥哥韦承庆，不是同一个母亲生的。韦嗣立生性友善，每当母亲打韦承庆的时候，韦嗣立便解了衣裳，让母亲来打他，说他愿代哥哥受打。母亲没理他，他就叫奴婢们来打自己，母亲见儿子年纪虽小，竟有这样的心地，常常也会受到一丝感悟。等到长大后，韦嗣立在莱芜地方做县官，太后把他叫到朝廷里，说："你父亲常常说，他有两个儿子可以为皇上出力效劳，现在你们兄弟都做了官，品行很不错，你父亲果然没有食言呀！你哥哥上调官职去了，现在我叫你代了你哥哥的官职吧，我看也不用别人了。"于是，太后根本不用再考察他便让他直接接任哥哥的职位，做了凤阁舍人（凤阁舍人：即中书舍人，唐、宋时中书舍人是相当尊贵的官职，掌撰拟诏旨。武则天时改中书省为凤阁）。

嗣立兄笞，求代以己。其母不从，遣奴自捶。

◇原 文

唐，崔沔有至性。母失明，不脱衣而侍者三十年，当美景良辰，必扶持宴笑，令母忘其苦。母卒，爱兄姊几于母，慈甥侄甚于子，所得俸，悉以分惠，曰：『风木既悲，无由展我孝思，计亲所垂念者，惟此四五人，吾厚待之，庶九泉稍慰也。』后官至中书侍郎。子佑甫，复为贤相。

李文耕谓事亲之道，不在志上体贴，便都成皮肤事。盖老年人有多少说不出苦恼，有多少说不尽心事，为子者不能体其志之所欲然，而会其情之所必至，使之愉怡和平，忘苦释虑，何贵乎有子哉。

◇白 话

唐朝的崔沔（沔，音miǎn），是个生性友孝的人。母亲双目失明，他便不脱衣服地侍奉了三十年。每逢天气好或者有好风景好景致可以欣赏的时候，他都会扶着母亲出来，摆些小酒菜，邀约亲朋，大家言笑宴宴，共享良辰美景，而做这一切，不过都是想让母亲感受喜悦快乐，好让她忘了自己的愁苦罢了。母亲死后，崔沔对待兄弟姐妹几乎就像对待母亲一样，对待侄甥后辈也像对待自家孩子一样，每逢得到俸禄，他一定将钱物全部分给大家，说：“父母既然都已仙去，没有地方来尽我的孝思心意，想来父母世间所记挂的人，不过眼前这四五个人，我又哪能不好好对待呢，我待他们好，就是慰劳了父母九泉之下的心呀，也就是对父母好了。”后来崔沔做了有名的宰相。

李文耕说：事亲之道，不在于嘴上说得有多体贴，而是要落实到一点一滴毫发皮肤之上。老年人常有多少说不出的苦恼，有多少说不尽的心事，为子女者能不好好休会并努力解脱他们的苦处么？

崔沔母卒，敬姊爱兄。倍慈其侄，厚待诸甥。

◇ **原文**

唐，元德秀字紫芝，少孤，事母孝，母亡庐墓。兄嫂亡，遗孤期月，德秀昼夜哀号，抱其子，而以己乳含之。涉旬日，乳湩流。至其子能自食时，乳湩乃止。天宝中，任鲁山令，天下重其行，称曰『元鲁山』。房管每见德秀，叹曰：『见紫芝眉宇，使人名利之心都尽。』卒谥文行先生。

哀遗孤而遂有乳，至诚之所感，殊不可以常情测。许止净谓德秀刺血写经以尽孝，为贫而仕以成慈，至见其眉宇，能使人名利心都尽，可见粹面盎背气象，宜天下高其行而不名也。

◇ **白话**

唐朝的元德秀，表字紫芝，幼时没了父亲，服侍母亲非常孝顺。母亲死后，他就在坟旁搭了茅屋住着。不久，他的哥哥嫂嫂又都死了，遗下一个小小的侄儿，才不到一岁。德秀日夜垂泪，面对着这个小小的孩子不知如何是好。后来实在没办法了，孩子哭得厉害，又吃不了东西，元德秀便将自己的乳头给孩子含着，孩子找到了母亲的感觉，哭得稍少了些。这样过了十天左右，德秀的乳头，竟流出乳汁来！侄儿便得以吃奶而健康存活下来。又过了些时，孩子可以吃饭了，德秀的乳头才不再流出奶汁。天宝年间，德秀在鲁山地方做了县官，天下的人都敬重他的品行，干脆都叫他“元鲁山”。当时的当朝宰相房管见了元德秀，竟然也忍不住叹口气说：“一看见紫芝的眉宇，任谁，一颗争名夺利的心便都会消失。”后来德秀死后谥号为“文行先生”。

哀遗孤而遂有乳，大概是至诚所感，不能以常情测之。

德秀嫂亡，遗孤期月。抱乳湩生，能食湩竭。

德珪代毙

◇ **原 文**

宋，郑德珪，与弟德璋，友爱性成。德璋为仇家陷以死罪，会逮扬州。德珪哀弟被诬，佯谓曰：『我往则奸状白。』即治行。德璋追之，道中相持顿足，争就死。德珪夜半逸去，德璋复追至广陵。则德珪已毙于狱。德璋恸绝数四，负骨归葬，庐墓，每一悲号，乌鸟皆翔集不食。

庐父母墓者宜矣，庐兄墓者似乎过情。庐墓而禽鸟献瑞者多矣，庐墓而乌鸟闻其悲号，皆翔集不食，千古一人而已。然德珪乃代德璋之死者也，是德璋庐其墓，不为过矣。德珪至性，德璋亦至情也。

◇ **白 话**

宋朝时候，有兄弟俩德珪和德璋，十分友爱敦孝。弟弟德璋被仇家诬陷，要逮到扬州去执行死罪，哥哥德珪十分哀伤，为弟叫屈，便假装对弟弟说：“我俩长得很像，但我比你能说会道，若我冒充你去扬州，则我一定能说明事情真相，让冤屈告白天下。”于是即刻主动去见官，官吏带了德珪便上路了。德璋不愿哥哥为他代死，便一路追去，直到半路，追上了他们，兄弟俩抱头痛哭，捶胸顿足，争着要去伏法就死。但夜半时分上路，哥哥德珪又偷偷地走了，弟弟德璋又追，直追到广陵地方。没承想，哥哥已经在广陵地方的监牢里就地执行了死刑。德璋恸哭，几次快哭死过去。最后无奈，只好带回了哥哥的尸骨，厚葬后，德璋就在墓旁搭了个小屋住着，像给父母服孝一样陪伴着哥哥的坟冢。每每想起哥哥来，德璋便恸哭，而每次一恸哭，那天上的乌鸦便齐齐飞着，伴着呀呀呀的叫声，不再进食东西。

古人一般为父母“庐墓”是常见的，但为兄庐墓的，似乎有点过情。“庐墓”而禽鸟献瑞的事也常听见，但“庐墓”而乌鸦闻悲音而翔集不食的，千古以来也就德璋一人。德璋是因哥哥为他代死而“庐墓”，那就一点也不为过了，那是因为德珪至性，而德璋亦至情也。

德珪代死，夜半潜逃。弟为归葬，庐墓悲号。

◇**原　文**

明，黄玺兄伯震，商十年不归，玺求之，行万里不得。祷南岳庙，梦神授以『缠绵盗贼际，狼狈江汉行』二句。一书生曰：『此杜甫春陵行诗也。春陵即今道州。』盍寻之，从其言。一日入厕，置伞道旁，伯震过之，曰：『吾乡伞也。』视其柄，有『余姚黄玺』字，方疑骇，玺出问讯，则兄也。

万里寻亲者，且不多觏，况万里寻兄乎。梦中所得之诗，幸遇人而示其地；伞柄所镌之字，因入厕而现于途；其兄却于此时经过其地，不先不后，种种适逢其会，巧合机缘，间不容发，谓非神明提挈乎。

◇**白　话**

明朝余姚地方有个人叫黄玺，他的哥哥黄伯震，到外边做生意，走了有十年了，音讯全无。黄玺寻兄心切，决定去外边找回哥哥。但走呀走呀，直走了万里路，还是线索全无。沮丧伤心间，他到南岳庙去祈祷，回来当天夜里就做了个梦，梦中有个神仙给了他两句诗，诗是这样的：“缠绵盗贼际，狼狈江汉行”。黄玺醒来，诗句历历在目，却不懂是何意。这时，恰遇一书生，给他讲解道：“这是杜甫《春陵行》中的诗句，春陵就是现在的道州地方，你不妨到那儿去寻找看看。”于是黄玺便依了他的话到了遥远的道州。一天，他进厕所去小解，顺手把自己的伞放在厕所外边，没承想正巧他的哥哥黄伯震路过厕所门口，伯震看见了这把伞，心想：这是我们家乡的伞呀，奇怪！便走过去细看伞柄上刻着的字，看见了“余姚黄玺”这四个字，正惊骇疑惑间，黄玺从厕所里出来，看见此人，上前一问询，竟然就是失散了十年几乎辨认不出来了的哥哥呀！

万里寻亲者且不多见，何况是万里寻兄！梦中诗幸亏有人指点，伞柄字又幸亏因入厕而得现，黄玺兄又幸亏正巧此时过厕，这种种，不先不后，适逢其时，机缘巧合，间不容发，真不得不相信是神明在帮助呀！

黄玺寻兄，万里远行。梦中得句，伞柄留名。

◇原 文

吴，新阳亭侯骆统，字公绪，会稽人，俊之子也。事嫡母甚谨。时值饥荒，乡里及远方客，多有困乏。统为之饮食衰少。其姊仁爱有行，寡居无子，见统甚哀之，数问其故，统曰：『士大夫糟糠不足，我何心而能独饱乎。』姊曰：『诚如是，何不告我，而自苦若此。』乃自以私粟与，统一日散尽。姊又以告母，母亦贤之，遂使分施。

◇白 话

三国时候，吴国的新阳亭侯骆统，字公绪，他是庶出的儿子，但侍奉嫡母十分勤谨（嫡母：妾生的儿子对父亲正妻的称呼），是个仁义友孝的人。有一年，年成饥荒，到处都有饥饿困顿的人，骆统见此情景，心里哀伤，自己的饮食也很少。他有一个姐姐，也是仁爱有行的人，她见弟弟日日忧心忡忡，几次问询是何缘故，骆统才说：“现在大家都在饥饿的当儿，我哪里还能独自吃着饱饭呀！”姐姐便说道：“既然是这样，为什么不早告诉我，只由你一个人忧苦成这般模样呀！”于是，马上搬出了私人积蓄的谷粟，统统交给了骆统。骆统很感激姐姐的仁义和对自己的支持帮助，一天之内就将所有的米谷都散施发放到了那些饥民手中。姐姐还将弟弟的这个举动告诉了母亲，母亲也认为这是积德施善的好事，便愈加支持援助骆统了。

骆统之姊，悯弟日衰。助与私粟，悌道无亏。

◇原 文

晋，郑袤继妻曹氏，鲁国薛人也，事舅姑甚孝。躬自纺绩，充奉养，至于叔妹群弟之间，尽其礼节，得姑姒之欢心。及袤官司空，子默等并显，曹深惧盛满，食无重味，衣必浣濯，禄秩必班散亲族，家无余资。袤元配孙氏早亡，瘗黎阳，袤卒，议者逢曹意，欲不合葬，曹曰：『元配从葬，礼也。』备仪从迎之，执雁行礼，祠祀合葬焉。

◇白 话

晋朝时候，有个人叫郑袤，他的前妻早死，娶的后妻曹氏，是个十分明理孝顺的人。曹氏对待公公婆婆小叔小姑都十分友好，甚至自己亲自纺纱织布赚了钱来奉养这些亲人。就是对待堂兄弟姐妹，她也十分礼貌周到，所以全家人上上下下老老少少都十分喜欢她。郑袤做了工部尚书的时候（工部尚书：主管各项工程、工匠、屯田、水利、交通等政令的工部长官），儿子郑默等也都开始显达了。曹氏生怕家里太富贵显赫了，要渐渐华靡骄奢起来，便一个人先做起了表率，每逢吃饭她一定吃得十分俭朴简单；穿衣，则总是洗得干干爽爽，一穿再穿；得到的俸禄，也马上分散好些给亲族里贫苦的人。因此，她的家中，其实是没有多少积蓄的。后来郑袤去世了，郑袤的原配孙夫人是早年间就去世的，葬在黎阳地方，按照一般礼仪，郑袤死后是应和原配孙夫人合葬在一起的，但郑家中有一班人想讨好当家人曹氏，就说不让孙氏和郑袤合葬。没承想曹氏却说：“原配合葬，这才合乎古礼，我们怎么能委屈了孙夫人呢。”于是，她亲自准备了仪仗和随从，隆重地迎来了孙氏的灵骨，行着姐妹的礼，恭敬有加地祭祀完，便把丈夫郑袤和孙氏合葬了。

曹氏和俭，盈满为忧。让嫡合葬，芳着蕙畴。

◇ **原 文**

唐，韩会妻郑氏，愈之嫂也。愈生甫晬，失怙恃，郑鞠之。念寒而衣，念饥而食，劬劳闵闵也。愈未齿，从兄官泰州，兄坐谤，迁韶州以卒。去故乡万里，幼孤匍匐不能归，郑拮据备至，竟以丧返葬。尝抚其子，指愈而泣曰：『韩氏两世独此耳。』流涕滂沱，若不自胜。诲导愈，勖之成立，后为大儒，嫂之力也。及卒，愈哭之，绝而后苏。

◇ **白 话**

唐朝，韩会的妻子郑氏，就是大诗人大文学家韩愈的嫂嫂。韩愈刚生下来一周岁，父母就死了，嫂嫂郑氏念他一个孤儿，十分怜爱他，冷了给他添衣，饿了给他吃食，每日都十分辛苦抚育。韩愈还在幼年时，就跟了哥哥到泰州去上任，但后来哥哥遭人诽谤，贬到了韶州，竟忧郁而死。离开故土万里，孤儿又小，嫂嫂郑氏到了这种凄凉的境地，有多艰难困苦，可想而知！但她终于又抖擞起精神，带着年幼的孤儿，送丈夫的灵柩回洛阳去安葬。一次，她用手抚摩着儿子，指着小叔子韩愈说："韩家两代，就只剩你们两个孤苦伶仃的叔侄了。"说到这里，她的眼泪像雨般落下来，真是说不出的难过。后来，她努力教育韩愈，激励他上进，使他终于成为了唐代有名的儒家。这都是嫂嫂的功劳啊！所以后来郑氏去世，韩愈会悲伤到几次哭昏过去。

唐韩郑氏，抚叔勤劬。
勖愈成立，卒为大儒。

◇原 文

宋，崔少娣为苏家妇。苏兄弟五人，娶妇者四矣，日有争言，阋墙操刃。少娣始嫁，人忧之。少娣事四嫂，执礼甚恭，嫂有缺乏，即以己物遗之。姑役其嫂，少娣曰：『吾后进，当劳。』嫂未食，不先食。嫂各以怨言告者，少娣笑而不言，女奴来告者笞之。嫂儿溺其衣，无惜意。岁余，四嫂自相谓曰：『五婶大贤，我等非人矣。』遂相与和睦。

吕坤曰：天下易而家难，家易而姒娣难。专利、辞劳、好逸、喜听，妇人之常性也。然始于彼之无良，成于我之相学，三争三让，天下无贪人矣；三怒三笑，天下无凶人矣。贤者化人从我，不贤者坏我犹人耳。

◇白 话

宋朝时候，有个女子名叫崔少娣，嫁到了苏家去做媳妇。她丈夫共有五个兄弟，已经娶了四个嫂嫂，但家庭里相当不和睦，每天都有争闹拼命的事发生。崔少娣刚嫁到苏家时，人们都替她担忧，怕她受不了四个嫂嫂，或与她们一样也相互争打起来。但没想到的是，少娣会以一种特殊的方法与嫂嫂们共处。只见她对待四个嫂嫂，很有礼貌，恭敬有加，嫂嫂们谁有需要物件使用的，她便把自己的所有送给她们，婆婆差嫂嫂们去料理家务，少娣总是争着去做，她说：“我是新来的媳妇，理应做得多些，理应格外效劳。”她在嫂嫂们没有吃过之前，是不会先吃的，有时嫂嫂们争相在她面前说别人的坏话，她总是一笑置之，什么话也不说，但若有底下人到她面前传嫂嫂的坏话，或搬弄一些是非，她却用家法狠狠惩处他们。她照顾年幼的侄儿时，侄儿的尿尿脏了她的衣服，她也一点儿没有疼惜不耐烦的意思。总之，少娣在嫂嫂们的面前做到了最完善，连最挑剔的人也说不出她的什么来。这样过了一年多，四个嫂嫂都惭愧忏悔了，大家都说，五弟妹是个大德大贤的人，我们在她面前，相比之下就真不是人了，从此大家便和睦友爱相处开了。

吕坤说，天下事都容易做，就是家事最难做。治家容易而姑嫂妯娌相处最难。家里女人一多就常有不和睦产生，因为女人容易专利、小气、狭隘、好听谗言，等等。但若有人能做到无争无贪，相敬相让，一而再，再而三地以自身去感化人，那么，天下哪里还会有争端不和啊！

苏崔少娣，后食先劳。恭事四嫂，井臼争操。

姚里天伦

◇原 文

辽亡，部众推留哥为辽王，留哥奉金币归元。留哥卒，元使留哥继妃姚里氏佩虎符，领其众。姚里氏奏曰：『留哥既没，国民无主。其长子薛阇，扈从有年，愿以次子善哥代之，使归袭爵。』元欲不遣薛阇，诏令善哥袭爵。姚里氏复奏曰：『薛阇前妻所出，嫡子应立。善哥妾所出，若立之，是私己而蔑天伦，不可示后。』元乃许之。

姚里氏不愿自袭其夫爵，已属难能可贵，更不愿己生之子袭其父爵，两番上奏，必以前妻所生之嫡子，袭其父爵，且愿以己生之子，代其扈从，是真无我相者矣。不然，一辽妇耳，而能若此乎。

◇白 话

元朝时候，元统治了辽，辽国的部下众人，推举留哥做了辽王，留哥给元朝进献金银布帛，甘愿称臣。等到留哥也去世后，元朝便命留哥的继任妃子姚里氏掌握兵权，管束部下一切兵马。姚里氏却上奏了一个奏章到朝廷，说：“留哥既死，国民无主，还是应该名正言顺立个主的。留哥的长子薛阇，在朝廷里随从护驾，已有多年，我愿意让第二个儿子善哥去朝廷护驾，好让薛阇回辽来继留哥的位。”可是姚里氏的奏章朝廷没批准，倒是说可以让善哥继了留哥的位。没承想，朝廷又接到了姚里氏的第二个奏章，奏章里说：“薛阇是留哥前妻生的，而善哥是我生的。薛阇是嫡子，应该由他继位，若我让自己生的庶出的善哥继位，只怕人们会说我为私己，而实实是蔑视了天伦大道理，是没有给后人立下好榜样呀！”这一番话，令元朝廷十分敬佩感动，便准了姚里氏的请求。

辽妃姚里，奏疏重申。
嫡子袭爵，不蔑天伦。

樊女拒媒

◇ **原 文**

明，樊氏女，潮州人。年既笄而父母亡，二弟一妹并幼稚，女矢志不嫁，抚育二弟。里中巨姓闻之，争遣媒妁致意。女谢曰：『不幸家世中衰，弟妹尚未成立，惟有相依为命而已。』及弟妹婚嫁毕，女年已三十，遂与戚党屏绝往来，虽诸姑娣姒，罕见其面。弟或不事事，辄涕泣道之。及卒，年七十余，弟侄以下，皆为服三年丧。

◇ **白 话**

明朝时候，有个樊姓女孩，刚刚成年，父母就死了，留下两个弟弟一个妹妹，年纪都很小。樊姑娘便立志不再嫁，而专心抚育弟妹。所以料理家务，她是十分尽心的，为弟妹吃苦耐劳，她又十分甘心。乡里许多有钱的人家，听到樊姑娘如此贤能，大家都争相差了媒人来求婚，但都被樊姑娘委婉地辞谢了，她说：“我家门不幸，家道中衰，而弟妹们都还年幼，我惟有与他们相依为命而已，不忍一刻分离，哪里还有心思顾及自己的婚嫁。”如此几次三番，人们便也理解了她的心意而不再论及婚事了。后来，等到弟妹们都相继婚嫁完了，樊女也已经年过三十，人们都以为这下她应该为自己打算了，没想，樊姑娘却几乎和亲戚友人们断绝了来往，大家很少有机会和她会面，更别说给她说婚事了，原来，樊姑娘还是决心一辈子关照护卫弟妹而不再出嫁。所以，每每看到弟妹们有荒废学业的意思，她就会流着泪规劝他们，弟妹们在姐姐的照管下，也很争气，各自成为了有才德的人。樊女一直未嫁人，直到七十多岁才去世，去世后，连侄儿们都为她穿了三年孝服。

樊女拒聘，矢志扶衰。弟不事事，涕泣道之。